遗产保护与传统建筑研究丛书

U0662969

"湖广填四川"移民通道上的会馆研究

赵逵 著

东南大学出版社

·南京·

内 容 提 要

"湖广填四川"是中国移民史上的重大事件,它带动了中西部地区大规模人口流动与文化交流。在巴蜀及周边地区的"移民通道"上,汇集了大量精美的会馆建筑。这些会馆在继承各省"移出地"的"本原文化"的同时,又与巴蜀"移入地"的"本土文化"相融合,并以"外来文化"的身份深刻影响了相对封闭的巴蜀本土营造技术,具有技术交流、文化融合的"标本"性特征。同时,这些会馆大多主导移民场镇的空间格局,成为移民社会的"精神中心",它的建设与这些聚落的生长有着密切的互动关系。

本书以"移民通道"新视角系统考察巴蜀会馆建筑,以大量实拍照片及翔实测绘资料,对同乡会馆与原乡建筑、各省会馆与本土建筑进行系统比较,以此探寻会馆建筑的演变规律,揭示古代封闭区域内技术交流和文化融合的内在动因,从内容与方法上丰富对"地域性、专题性"传统建筑的研究。

图书在版编目(CIP)数据

"湖广填四川"移民通道上的会馆研究 / 赵逵著.
—南京:东南大学出版社,2012.5
(遗产保护与传统建筑研究丛书)
ISBN 978-7-5641-3401-3

Ⅰ.①湖⋯ Ⅱ.①赵⋯ Ⅲ.①会馆公所—古建筑—研究—四川省 Ⅳ.①TU-092.2

中国版本图书馆CIP数据核字(2012)第054388号

出版发行:东南大学出版社
社　　址:南京市四牌楼2号
出 版 人:江建中
责任编辑:杨凡
网　　址:http://www.seupress.com
经　　销:全国各地新华书店
印　　刷:江苏凤凰扬州鑫华印刷有限公司
开　　本:787mm×1092mm　1/16
印　　张:15.25
字　　数:281千
版　　次:2012年5月第1版
印　　次:2012年5月第1次印刷
书　　号:ISBN 978-7-5641-3401-3
定　　价:48.00元

序

　　中国是世界上文明史延续时间最长的国家，也是一个遗产大国，但对于遗产的保护却做得不够理想，以致在过去的岁月中，许多珍贵的遗产在不经意中遭到了无情的毁坏。1985年中国加入《世界遗产公约》，把中国原本相对独立的文物保护体系和国际文化遗产保护体系连接在一起，从此，以联合国教科文组织（UNESCO）、国际古迹遗址理事会（ICOMOS）、世界自然与资源保护联盟（IUCN）和国际文化财产保护与修复中心（ICCROM）的保护思想和实践为基础的国际文化遗产保护体系，在中国官方和学术界得到普遍认可和接受，从而使中国的遗产保护迈上健康的道路。

　　但就是在这以后数十年中，人们都致力于经济的发展，相应出现的城市的现代化建设及广大农村的城市化，使许多历史城镇以及它们所拥有的传统建筑和历史街巷，也遭到了严重的破坏。这里要归结于人们特别是一些地方的决策者对遗产缺乏正确的保护理念，同时，和我国还没有制定保护历史城市和历史建筑的法规有关。

　　在上世纪九十年代以后，历史城镇平遥、丽江以及许多历史文化遗产项目申遗成功以后，这些地方的旅游事业迅速地繁荣起来，使人们看到了遗产保护背后的巨大经济利益，为了迎合旅游市场的需求，于是出现了许多急功近利的做法；他们没有认真按"世遗保护"的要求去做，而是怎么样能赚钱就行，以至于假古董、伪劣景观的盛行，遗憾的是这股风潮至今未有消退的迹象，这是把保护与经济利益挂钩带来的后果。

　　人们还没有认识到保护历史文化遗产的主要目的是为了留存住祖国优秀的文化传统、民族的精华，以资继承发展，借以建设我们新时代的、有中国特色的、有地方特色的新城市、新建筑。纵观我国这几十年来建造了亿万幢新建筑，建了数以千计的新城市，许多历史城市大多改变了原有的城市风貌，但却被人们诟病为"千城一面，万屋一貌"，这就是我们只注重了尽快地旧城换新貌，而忽视了自己的风貌特色和文化传承。更有的城市又突发异想地要重现汉、唐、辽代城市风貌，殊不知历史遗存被破坏了，而要打造乌有的东西是典型无知的写照。

认真地调查，科学地规划，恰当地保护措施和运作，是能留住这些珍贵文化遗产的，这些城市和建筑遗产的留存将是今后建设和发展的借鉴和源泉，我竭力支持这些遗产保护者的行为，他们以历史的责任感和对祖国文化的珍爱，对祖国各地历史城镇和村落进行着艰苦而有成效的田野考察和研究，这套丛书正是这些学者们多年研究成果的汇集。我希望这些工作还要继续下去，并动员更多的有志者参与，中国建筑和文化的传承才大有希望。

阮仪三

2012-05-08

阮仪三：

同济大学建筑与城市规划学院教授、博士生导师；建设部 & 同济大学国家历史文化名城研究中心主任；中国历史文化名城保护专家委员会委员。

前　言

　　会馆是中国传统建筑中十分独特的类型，它产生于明末、兴盛于清中晚期、衰败于民国末年，前后不过三四百年时间，却见证了中国社会人口大迁徙、商品交换大繁荣的全过程，而且为今世留下了众多辉煌精美的建筑遗产。可惜，会馆短暂的辉煌没有得到建筑学界的足够重视。

　　巴蜀地区是现存会馆最多，分布最密集，形式最丰富的地区，这些会馆是"湖广填四川"移民活动的历史见证，是在"移民活动"这个背景和环境下产生的建筑类型，是本土文化与异域文化相融合的产物。

　　在国家自然科学基金支持下，我们的研究团队以巴蜀地区为中心，北上山西、陕西，南下福建、广东，东进江浙，对会馆集中的省份进行了大量考察，在惊叹于这些传统建筑精美绝伦的同时，更折服于古代工匠的精湛技艺，也有感于这些会馆所寄托的精神与文化的内涵。本书的视野集中在巴蜀地区，呈现的会馆只是冰山一角，更多华美的会馆因分布在河南、安徽、山西、陕西以及运河流域，没能详尽纳入本书。这或许也为我们后一步研究留下伏笔，希望能进一步以山陕会馆、湖广会馆、广东会馆为专题，展开系统的研究，以期更全面、更细致地展现这类独特的建筑遗存。

　　出版在即，特别感谢我的博士后合作导师阮仪三教授，会馆协会秘书长张德安先生，我的同事万敏教授、李晓峰教授、谭刚毅教授、万谦副教授，丁援博士后以及我的夫人张钰，他们都为我的研究给予了莫大帮助和鼓励。

　　还有我所带的硕士研究生詹洁、邵岚，作为课题组的骨干成员，她们为本研究的资料整理付出了大量精力。

　　在中国许多偏远村镇，大量的会馆面临着岌岌可危的局面，本书希望能挽住它们垂暮的身影，为后世记录它们曾经的繁华。

赵逵　于喻园

目　　录

1 绪论

1.1 课题源起

1. 本课题受国家自然科学基金项目"明清'湖广填四川'移民通道上的会馆研究"（项目批准号：50978111）资助。

2. 本课题同时受中国博士后基金项目（夏热冬冷地区传统建筑"适宜"生态技术研究）以及中国盐文化研究中心重点资助项目（"川盐古道"上的盐业建筑研究）共同资助。

1.2 概念阐述

（1）川、鄂、湘、黔交汇区域是明清时期"湖广填四川"的主要"移民通道"，其上汇集了大量移民会馆。

"湖广填四川"是中国移民史的重大事件，在鄂西、湘西、黔东南的明清"移民通道"上，至今仍保存着大量会馆建筑，例如：鄂西的峡江流域、清江流域；湘西的酉水沿线、沅水流域；黔东南的乌江流域、赤水流域，陕南的汉水流域，许多古镇都有"九宫十八庙"之说，都是会馆集中之地。它们同属巴文化区，与四川、重庆的乡土建筑渊源深厚，但在结构和形态上更接近湖南湖北移民迁出地的"本原文化"，如：砖木结构、封火墙、天井院、抱厅、重檐屋顶、繁复装饰等。这些会馆的价值，既体现在其独特的建筑形态和精美的装饰艺术上，也体现在那些蕴藏在物质实体背后的"原乡情结"的文化意味，更是外来文化与巴蜀文化大融合的结果。

（2）"移民通道"上的会馆既是"移民会馆"，又是"商业会馆"，具有"地缘性"与"业缘性"双重特征。

"会馆"一词的含义，《现代汉语词典》注释为："旧时同省、同府、同县或同业的人在京城、省城或大商埠设的机构，主要以馆址的房屋供同乡、同业聚会或寄寓。"但在川、鄂、湘、黔地区，会馆除具有"商业性"

以外，更多的具有"移民性"，"移民会馆"是巴蜀会馆的主要形式。

移民会馆：巴蜀地区，在历史上有过三次大规模的外省移民迁入，其中规模最大的是明末清初的"湖广填四川"，移民数占四川总人口的80％以上（葛剑雄，吴松弟，曹树基《中国移民史》）。当时，巴蜀地区一方面由于战乱和自然灾害等原因导致人口锐减，另一方面，由于治水而形成大片新开发耕地，为振兴经济，政府于康熙四年颁布了一系列移民垦荒政策，以湖广省（当时湖南、湖北）为首的10余个省的百姓经由鄂西、湘西、黔东南地区大批入川，持续时间达100多年，史称"湖广填四川"。他们以"迎神麻、联嘉会、襄义举、笃乡情"为目的，以移出地的"地缘"为纽带，在"移民通道"沿线建造"移民会馆"，这也正是该地区会馆较多的主要原因。

商业会馆：清朝末年"川盐济楚""重庆开埠"等事件极大地促进了巴蜀经济的增长，与此同时，大量"商业移民"开始进入巴蜀地区，由行业商人设置专门服务于商业的会馆也不断出现。这种具有行业"业缘"关系的会馆集中出现在嘉庆至光绪年间，凡是水陆要冲，特别是长江及其支流沿线，成为"商业会馆"兴盛之处。

（3）移民会馆具有技术传承、文化融合的"标本"特征，是川、鄂、湘、黔交汇区域对外交流的"窗口"。

巴蜀建筑自成体系，具有很强的封闭性，特别是川、鄂、湘、黔交汇区域，由于崇山峻岭的阻隔，使营造技术的交流更加困难，而移民会馆却是技术文化跨区域交流的重要载体。会馆的建造因循着使用主体—移民人群的历史文化脉络而营造，带有移民聚群所固有的"标本"特征；同时，因其身处异乡，既有区域自然环境的限定与人文氛围的熏陶，又有营造技术的交叉影响，在形式与内涵上的局部同化也就成为必然，移民会馆因而具有"本原文化"与"地域文化"融合共处的对话机能，从而形成多层次、多元化的丰富内涵与形态表征。

❶.❸ 研究内容

"移民性"是巴蜀会馆的重要特征,选取主要移民路线,并以"线路"上有代表性的移民会馆为重点,分析和比较会馆的结构、形态,归纳移民地会馆的原型及演变,调查不同地域会馆构造特点、建造技术及其相互关系,总结会馆所具有的技术传承、文化融合的"标本"特征,以及在新时期的借鉴作用。

本项目从以下四个层面进行研究:

1.3.1 移民线路的总结和会馆的地域认同

"湖广填四川"的主要移民路线可概括为:

(1)由长江水路入蜀:移民沿着江汉平原,顺着长江,穿过三峡,进入到重庆,分流到川西平原。这是从湖北主要移民集散地孝感、麻城到四川的主要水路,所以长江沿线场镇会馆分布最多。前期已初步考察的"点"有:湖北孝感、麻城;重庆巫溪宁厂镇、云阳云安镇、忠县西沱镇、重庆市区;成都东郊洛带

镇、自贡市自流井区、罗泉、仙市、铁佛、金堂县土桥镇、广汉市、绵阳三台县潼川镇等。前期调查认为,这些"点"既是移民重要集散地,也是会馆比较多的古场镇。

(2)由鄂西南入蜀:移民沿清江水路至恩施、利川,再翻越大巴山到重庆万县、忠县,再顺长江进入四川。恩施、利川过去都有"九宫十八庙"之称,现在沿途之上仍留有许多"宫""庙"会馆。前期已初步考察的"点"有:恩施、利川、晓关、倒洞堂、老屋基、沙道沟等。

(3)由湘西入蜀:移民沿澧水、沅水进入酉水流域,再过里耶进入重庆的酉、秀、黔、彭地区。前期已初步考察的"点"有:湘西洪江、凤凰、里耶、洗车河;重庆龙潭、龚滩、郁山、酉酬、石堤。

(4)从贵州入蜀:广东、湖南(接近贵州的地区)和贵州本省的移民,从黔省沿赤水河、綦江、乌江、永宁河入川。清时称仁(仁怀)、綦(綦江)、涪(涪陵)、永(叙永)为贵州入

3

川的四大口岸。前期已初步考察的"点"有：叙永、茅台、沿河、思南、赤水。

不同移民线路上的移民会馆以不同的"乡神"（如湖广人祀禹王，江西人祀许真君，福建人祀天后，广东人祀南华六祖，山西人祀关羽，浙江人祀准提，安徽人祀朱熹等）的设置来确立自己的特色，并赋予特定的名称（如禹王宫——湖广会馆、万寿宫——江西会馆、天后宫——福建会馆、南华宫——广东会馆）。透过这一集体性心理表象，可以发现移民的原乡认同在很大程度上随着移民线路的格局而有所变化，"乡神"一方面被视作移民原乡认同的象征，另一方面又常被赋予超地域性内涵，从而容纳了不同的地域文化。因此，移民会馆作为移民地域认同的象征既是被"建构"的，又可以被一套新的叙述所"解构"与"重构"。

1.3.2 各省会馆结构、形态比较研究

移民会馆形态从自然地理特点以及基于此的人工营造的元素来分析，并探究会馆的构成要素和形态法则与原乡（迁出地）的

关系。比较关键性的功能空间，如：戏楼、观演空间、祭殿、拜殿、供奉神麻、同乡聚会空间、厢房、正厅、后殿，以及装饰主题等。

（1）迁入地与迁出地的比较

"乡土风的设计过程是一个模型加调整的过程"（Amos Raporport, 1969）。原型是移民生活的累积和"集体记忆"的结果。对迁出地的"传统建筑"和迁入地的"会馆建筑"进行原型分析和比较，并根据其各种"变体"来探究演变的过程，判断演变过程中自然抉择和社会抉择所起的作用。

（2）同一"移民线路"上不同"移民场镇"会馆的比较

一方面，"移民线路"跨越大尺度的自然地理环境，其上不同场镇"点"的会馆将体现不同的环境特征；另一方面，"移民线路"上的会馆越接近"移出地"，其"本原特征"越明显，反之越弱，因此，在同一线路上更能直观分析出文化辐射力度对"移民特征"衰减的影响。

（3）同一"移民场镇"中不同"移出地"会馆的比较

当气候、环境、材料等外在因素相同时，比较不同"移出地"会馆在技术与文化方面的内在特征，将更易把握不同"移出

地"的本原文化对会馆建筑演化的影响。

（4）同一"移出地"会馆在不同"移民场镇"中的形态比较

同一外来文化在不同"移民场镇"与当地固有营造理念结合，必将形成新的"变异"，考察这种变异过程，将更能看清文化与技术辐射的过程与范围。

1.3.3　会馆内涵的指定性

"内涵的指定性包括了会馆建筑物质组成的意义指定和形为意念的确定。"（王日根《中国会馆史》）前者界定会馆的总体格局、局部组构以及形式意象，使空间形态的创造有章可循、有理可依，使会馆建筑具有不同于其他类型建筑的标示性特征；后者由其使用者特定的聚群角色性质及文化积淀所决定，是有关空间及形式的创造的原始动力，也是整个聚群的情感依托、空间指定、角色期望等等一系列潜在的或显露的综合因素的产物。由内涵的特殊意义而确定了会馆的性格，确定了会馆所包容的人类行为、在社会群体中的角色以及在这些"移民通道"古场镇中的地位。

❶❹　研究的目标与意义

1.4.1　研究的目标

（1）通过田野调查和具体的案例分析，归纳"移民地"的会馆特点，并与原乡建筑的"本原文化"进行比较，探寻其传承的要素和关系；

（2）尝试从移民的精神与技术传承的视角来探寻移民会馆文化对川、鄂、湘、黔封闭山区地域建筑的"本土文化"的影响；

（3）对移民路线上有代表性的会馆的构造和建造技术进行挖掘整理，对"移出地"和"移入地"民间工匠的资料进行研究和整理，建立相应的技术和匠师资料对比档案；

（4）调查研究移民适应新环境（文脉）所采取的技术措施，分析历史上移民的精神传承特点，以期对现代移民新村的建设提供借鉴。

1.4.2　研究的意义

（1）从"文化线路"新视角丰富川、鄂、湘、黔巴蜀大文化圈内的会馆建筑研究：把这些会馆放在"移民通道"的"文化线路"上进行系统比较研究，以移民的视角，从宏观（移民通道）、中观（会馆建筑）到微观（构造技法）来系统地研究川、渝、鄂、湘、黔交汇地区传统技术与文化的传承演变过程，是传统建筑研究的一次有益尝试，也是对会馆文化研究的重要补充。

（2）通过会馆的"标本"特征研究相对封闭的巴蜀地区建筑技术融合的过程：由于巴蜀会馆具有同乡聚群所固有的"标本"特征——"技术传承和文化融合的载体"，以此研究传统建筑本身的演变及会馆的人文精神（如"移民精神""行业传统""地域习俗"等）对封闭的巴蜀地区建筑的形成与历史变迁的影响，将有助于从多角度、多侧面开展对传统建筑的研究工作。

（3）促进对川、鄂、湘、黔交汇山区相对薄弱的传统建筑研究：该地区由于山高路险，交通不宜到达，周边各高校对它的研究都相对薄弱，而该地区也正因此得以保留大量传统建筑，被史学家称为"中国腹地重要的文化沉积带"（张正明《土家族研究丛书·总序》）。近几年，随着东西向高速公路的贯通以及"村村通"公路建设的完成，该课题研究才得以逐步展开，这也将极大促进对该地区传统建筑的研究和保护。

（4）对"移民新村"建设具有现实意义：现今，巴蜀地区由于梯级水电坝的建设，大批古场镇被淹没，大量"新移民"要迁徙，大片移民新村在建设。移民和当地原住民的经济、技术、文化等方面的差异，对他们的社会角色认知及定位产生了不利影响，这种不利影响导致的矛盾最终会引发一系列社会问题。有效促进移民与当地居民的融合，是解决这些问题的关键。通过这项研究，总结移民集散地的精神传统和技术传统及其沿袭的特点和决定因素，以期对"移民新村"建设提供有益的借鉴。

总之，会馆文化遗产的研究不仅仅是对会馆建筑的研究，更重要的是对其文化内涵的再发现、再认识，在社会真正心理需求的基础上的利用和延续。在解决了基本的温饱问题之后，人们对文化上的寻根和回归是一种日益迫切的需要，而移民会馆文化将作为一笔丰饶的精神财富进入人们的视野和生活。

1.5 相关研究综述

1.5.1 关于会馆的研究现状

1.5.1.1 国内学者对会馆的研究

会馆作为独特的建筑类型，早在20世纪20年代初就已引起学者的兴趣。1925年郑鸿笙发表了《中国工商业公会及会馆、公所制度概论》，首次对会馆、公所的性质、特点进行界定，认为会馆组织与一般社团不同，是专用于祭祀、享宴和慈善公益事业的组织，具有财团和公益团体的双重性质。1926年全汉升在香港发表《中国行会制度史》，1930年窦季良发表《同乡组织之研究》，开始从乡土观念组织演化、集体象征、功能分析等方面对包含会馆在内的同乡组织进行了较为全面的论述。

1950年代到1980年代，会馆研究逐步受到重视。1950年代，傅衣凌就在《明清农村社会经济》一书中讨论到江西瑞金的抗租会馆，反映了作者对明清社会诸多特殊现象早就有所关注，并做了较精当的概述。吴承明在《中国资本主义与国内市场》中也提出了客商落籍后成为异地商贾继而发起设立商人会馆的观点；彭泽益先生《中国近代手工业史资料》、吕作燮《明清时期的会馆并非工商业行会》、肖云玲《论明清会馆的宗族性、地缘性、官府性及其他》等，从中国传统社会向资本主义过渡的角度研究会馆，研究视野和范围被进一步扩大了，同时也规范了会馆研究的模式。

1980年代后，会馆研究进一步深入，有些学者开始把研究视野集中在某些具体区域，如李华《明清以来北京的工商业行会》、洪焕椿《论明清苏州地区会馆的性质和作用——苏州工商业碑刻资料剖析之一》、雷大受《漫谈北京的会馆》、刘正刚《清代四川的广东移民经济活动》、《清代四川的广东移民会馆》、《广东会馆论稿》、陈忠平《宋元明清时期江南市镇社会组织述论》、蔡鸿生《清代苏州的潮州商人:苏州清碑〈潮州会馆记〉释证及推论》、林国平《明清两代北京闽中会馆的教育职能及其演变》、李刚、宋伦的《论明清工商会馆在整合市场秩序中的作用——以山陕会馆为例》、《明清山陕会馆与商业文化》，周敬飞的《明清时期晋商文化的特点》、王世仁等编著的《宣南鸿雪图志》、竞放编的《山陕会馆》，崔秉华的《试论中原地区的会馆建筑》，谢岚、范庭刚"川南会馆建筑布局中的人文精神"（《山西建筑》，2007）；蔡燕歆的"洛带古镇的客家会馆建筑"（同济大学学报社会科学版，2008）；崔陇鹏的"四川会馆建筑与川剧"（《建筑历史》，2008）；陈玮、胡江瑜的"四川会馆建筑与移民文化"；蔡云辉的"会馆和陕南城镇社会"（宝鸡文理学院学报社会科学版，2003年第5期）等。这些论著有的从经济发展、商业活动的角度论述地方会馆与地方经济的渊源，有的从历史学、社会学等角度论述各地会馆的历史演进及对社会的影响力，这其中以北京、四川、河南、江浙的会馆研究最为集中。

同时，还有一些学者把研究视野集中在某些具有代表性的单个会馆上，如河南省古代建筑保护研究所与社旗县文化局共同编著的《社旗山陕会馆》一书，该书收入研究论文和雕刻铭文及石刻碑记的拓25万字，又有各种图版430幅；李芳菊《走马飞舟赊旗镇——会馆》、李驰《黄河汴京徐府街——会馆文化》、徐永杰《漕运重地周家口——会馆》、王瑞安的《山陕甘会馆》、广州市文化局编《广州锦纶会馆整体移位保护工程记》、何智亚《重庆湖广会馆：历史与修复研究》等，选取某一具体会馆群从建筑保护与修复角度进行了有益的探索，特别是何智亚《重庆湖广会馆：历史与修复研究》一书对重庆湖广会馆建筑群进行研究同时，对重庆区域的会馆也进行了简要论述；

也有些学者对某些特殊类型会馆进行研究，如赵静的《船帮会馆的现状与发展》（《文博》，2006年第1期）、顾廷培《上海最早的会馆——商船会馆》，就是对特殊的船帮会馆进行研究；谢惠钧、谢雨所著《湖湘古戏台》、刘文峰的《山陕商人与梆子戏》、刘徐州的《趣谈中国戏楼》、王兴亚的《明清集市庙会会馆志》等，则从戏剧、庙会、戏楼等会馆的核心空间场所精神场所进行研究，这些无疑增加了会馆研究的深度。

尤其值得注意的是，近几年

出版的几本集会馆研究的大成之作，如2002年由中国会馆志编纂委员会编的《中国会馆志》，则从会馆的历史、分类、文化传播、历史地位等方面对中国的会馆进行了全面探讨；2003年出版的《中国建筑艺术全集》第11卷《会馆建筑、祠堂建筑》中，以图文并茂的形式介绍了会馆；王日根先生《乡土之链——明清会馆与社会变迁》、《地域性会馆与会馆的地域差异》、《清代四川的广东移民会馆》、《明清时代会馆的演进》等系列著作，更是把会馆研究推向高潮。

中国大陆以外对华人会馆的研究也已取得了较大的成绩。如吴华曾辑《新加坡华族会馆志》三册、颜清煌曾著《新马华人社会史》、中国台湾周宗贤的《血浓于水的会馆》、《台湾的会馆》以及陈连栋的《台湾的客家人》，对港台地区及东南亚会馆进行了系统研究。

总体来讲，国内几十年的会馆研究取得了显著的成绩：（1）对各地会馆资料的收集为今后的会馆研究提供了宝贵的资料库；（2）会馆史的研究在移民、科举、工商业方面进行了较多的揭示；（3）一些学者把会馆组织放到整个社会中去进行研究的尝试也已初见成效。

但是，关于会馆研究也存在明显不同：（1）不少学者或研究科举会馆，或研究工商会馆，或研究移民会馆，并把三者绝对化，只强调其间的不同，却少挖掘其内在深层的共性，而这对深入揭示明清社会的特质很有意义；（2）不少论文或只囿于对一地的研究，而喜欢以偏概全，以至互成壁垒，这不利于具有普遍意义的结论的形成，干扰了会馆史的深入探讨；（3）较少有从文化角度进行探讨的研究，这也不利于揭示会馆这一社会现象的全貌，无法形成对明清社会总体的准确把握。

1.5.1.2　国外学者对会馆的研究

在日本，以仁井田升为首的一批日本汉学家致力于以实地调查为特色的关于中国社会特质的研究，取得了引人注目的累累硕果。如：和田清的《关于会馆公所的起源》、加藤繁的《唐宋时代的商人组织——行》、《清代北京的商人会馆》、根岸佶《上海的行会》、《中国的行会》、大谷孝太郎《上海的同乡团体及同业团体》、今崛诚二《行会史》、《中国商工行会的素描——以内蒙古农村机构向行会过渡为中心》、横山英《中国商工业劳动者的发展和作用——以明末的苏州为中心》、幼方直吉《帮、同乡会、同业公会和它们的转化》、泽崎坚造《北京市商会的同乡性》、宫崎市定《明清时代的苏州和轻工业的发展》、白山反正《中国行会和它的独占政策》、增井经夫《会馆录数种》等，综观这一时期日本汉学界对会馆的研究，应该说是功绩卓著，日本学者多以扎实的史料考据见长，他们的成果也促进了大陆学界对中国会馆史研究的不断深化。

在欧美，中国会馆史研究也已产生了一批研究成果。如D. J. 马克格温《作为商业贸易组织的中国基尔特或会所》、H.B.马士《中国行会论》、S.D.盖伯《关于北京的一项社会调查》、J.S.伯吉斯《北京的行会》等，他们多以新理论新方法作为深化研究的辅助，注重会馆的社会管理意义，把会馆作为一种基层社会组织，以此为基础对政治、经济、文化进行全方位的考察，奠定会馆研究在社会学研究方面的地位。

1.5.2 关于明清移民的研究现状

这些年来，建筑学的理论研究在不断地寻找突破口，与人类学、社会学、地理学等边缘学科相结合，在会馆建筑研究中，特别注重与移民学相结合，进行交叉学科研究。

大陆学者中，主要是葛剑雄、曹树基著《中国移民史》；田方、陈一绮著《中国移民史略》；路遇、藤泽之著《中国人口通史》；赵文林、谢淑君著《中国人口史》。这些著作论述了自先秦至20世纪40年代发生在中国境内的移民，论述其迁移对象及时间、方向、迁出地、定居过程和产生的影响，确定中国移民史的分期、移民类型，阐述中国移民的特点和研究中国移民史的意义。这些著作都把"江西填湖广，湖广填四川"这次移民运动当做研究重点，对"湖广填四川"从移民的动因，移民的时空特征，移民与土著的比例关系到移民后的社会经济文化的整合等诸多方面都进行了深入研究。张国雄的《明清时期两湖移民研究》（西安:陕西教育出版社，1995年）其中的部分章节也涉及会馆内容;陈良学的《湖广移民与陕南开发》的一些章节则专门论述了陕南地区会馆的相关问题。

台湾学者关华山在其著作《民居与社会、文化》（台湾:

明文书局，1989）中就移民居住环境主要从文化、人的主体行为与建成环境等方面进行过理论的探讨。此外还有一些客家文化和客家地区传统建筑等方面的研究，也涉及移民与建成环境研究的关系。

日本广田康生的《移民和城市》则基于一系列社会学的案例调查，通过关注每一个"独立个体"所具有的越境移民族群经历及其在特定"场所"中所建立起来的相互关系，并以城市共同体理论为素材，讨论其城市社会学意义，为我们提供了另外一个视角和研究方法。

此外，重庆大学赵万民、张兴国，西南交通大学季富政等教授都对巴蜀建筑有过大量研究，其中也曾涉及巴蜀会馆。另外，华中科技大学谭刚毅教授申请的国家自然科学基金项目"明清移民通道上的湖北民居及其精神与技术传承，50608035"的许多研究成果为本研究提供许多有益的启发。

综上所述，虽然对四川、重庆会馆的局部研究已经兴起，但对整个川、渝、湘、鄂、黔交汇地区的会馆建筑进行系统研究仍显得比较缺乏，特别是从"移民通道"这条颇能反映会馆特点的"文化线路"进行研究，目前尚属首次。

研究结构图

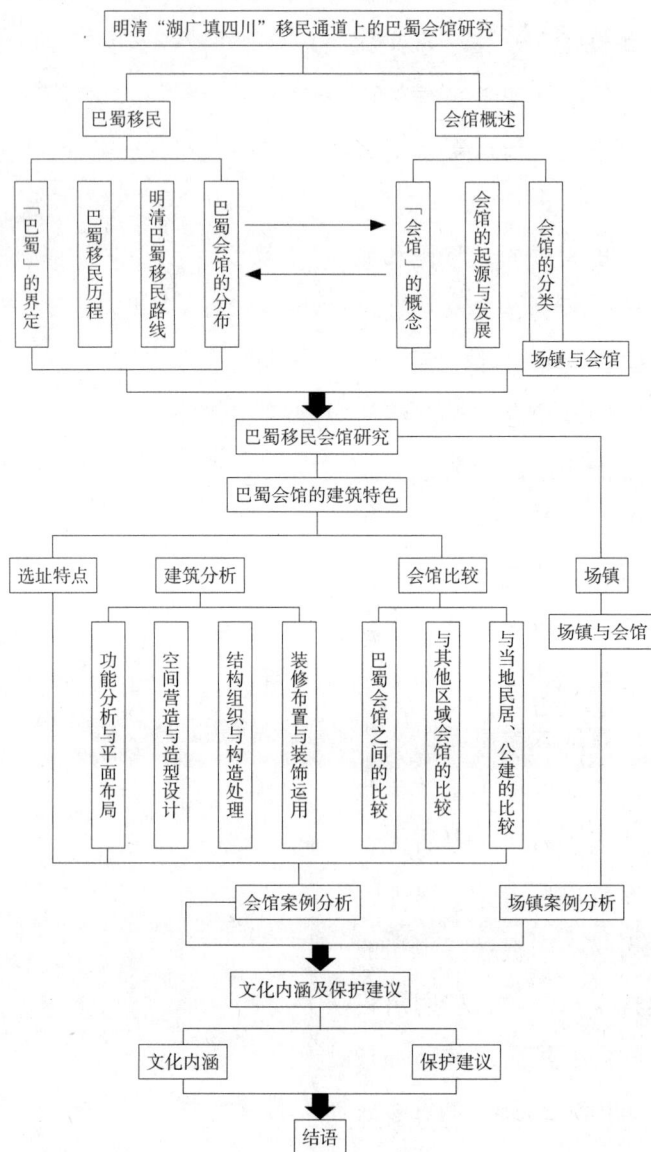

2 会馆综述

2.1 会馆的概念

《辞海》中关于"会馆"的解释是:"同籍贯或同行业的人在京城及各大城市所设立的机构,建有馆所,供同乡同行集会、寄寓之用。"[1]这是对会馆最简要而权威的解释。但从目前考察资料看,会馆未必仅分布在"各大城市",特别在巴蜀地区,几乎在所有的水陆要冲、集镇商街都曾经有会馆。会馆与巴蜀场镇的关系,类似于祠堂与南方村落的关系,它们一般占据着场镇核心地段,建筑规模宏大,形式华美,非一般民宅、商铺可比。

会馆的形式虽然属于公共建筑,但实质上是一种民间性的自我管理的社会组织,主要由异乡人在客地设立,也有一地同业人兴办。它形成的初衷是为了同乡人联络感情,后来逐渐成为有一定的宗旨,依照一定的规则,自愿结成的不以营利为目的的民间社会组织,类似于今天的社团。"所谓仕宦商贾之在他乡者,易散而难聚,易疏而难亲,于是立会馆而联络之,所以笃乡谊也"。同乡组织一般叫会馆,同业组织一般叫公所或行业会馆,但二者的区分并不严格。《上海县续志》就说"或称会馆,或称公所。名虽异而义则不甚相悬,故不强为区分"。[2]

由于多数会馆都供奉神灵,并定期祭祀,且布局与神庙很类似,所以不少会馆又被命名为"某某庙"或"某某宫"。一般"宫"的规模较大,多为外省人所建,如天后宫(福建人建)、禹王宫(湖广人建)、万寿宫(江西人建);"庙"的规模较小,多为当地人所建,如四川人在外省建"川主宫",在本省则建"川主庙";另外,还有些当地的行业会馆也叫"某某庙",如王爷庙(船帮会馆)、张爷庙(屠夫会馆)等。当然,也有些大型会馆直接以会馆、公所命名的,如重庆的湖广会馆、齐安公所、自贡的西秦会馆等。

那么,会馆最早出现于何时呢?《辞海》的"会馆"条目中引

---

[1] 孙音.会馆建筑[J].四川建筑,2003(02):27-28

[2] 车文明.中华中国现存会馆剧场调查[J].中华戏曲,2008(01):27-52

用明人刘侗《帝京景物略》："尝考会馆设于都中，古未有也，始嘉隆间。"刘侗是明崇祯时人，这是记载会馆较早的史料，可信度较高。应该说，会馆最初是作为同籍在京官吏的聚集之所而出现的。史料表明，在明朝永乐年间，安徽芜湖人、江西浮梁人、广东人、山陕人等最先在京师建立会馆，直至正德、嘉靖时，会馆仍主要是官绅聚会的一种场所。也有学者将过去外省进京赶考的学子寄寓的试馆称作会馆，清代闽县陈宗蕃就说"会馆之设，始自明代，或曰会馆，或曰试馆。盖平时则以聚乡人，联旧谊，大比之岁，则为乡中来京假馆之所，恤寒峻而启后进也"。随着科举制度的发展以及朋党政治的需要，大约从明中叶开始，会馆开始接待同乡来京应试士子，有的还添设新馆作为接待应试子弟的场所。于是，会馆与试馆并用的现象在京城非常流行。

商人会馆初见于万历时期，在明清会馆中数量最多、建筑最华丽，散布于全国各地，如北京、天津、上海、南京、开封、洛阳、芜湖、湘潭、汉口、广州、福州、成都、重庆、云南会泽等地，其中，徽商、晋商、广东商、宁波商、陕西西秦商、江西江右商、福建泉州商、山东胶州商、湖北黄州商等都是当时颇具规模、实力雄厚的商帮，在各地建立的会馆最多。手工业在中国有着悠久的历史，明清时期，随着手工业的进一步发展，行业性会馆也在一些地方大量出现，如船帮会馆、屠夫会馆、盐业会馆等。

会馆在各地区出现时间并不相同，北京的试馆在明中期就已风行，湖广地区会馆产生于明末清初，而巴蜀地区会馆却主要出现在清中叶，清末民国初年才比较盛行。抗战结束后，会馆向两个方向转化，地缘性为主的同乡会馆改组成同乡会，而业缘性为主的行业会馆则改组成同业公会。民国晚期，会馆作为一种制度在中国大陆渐衰，仅留下一些宏丽的建筑。

会馆的产生、分布与古代交通、商业、移民迁徙有诸多关系，背后隐藏的社会现象也将在后面的研究中一一揭示。

2.2 会馆的起源与发展

2.2.1 会馆与移民

会馆的产生无疑源于人口的迁徙流动，那么会馆为什么产生于明末清初，而不是更早或更晚？并且又在民国末年逐渐衰落了呢？会馆的分布有何特点？与交通格局的变迁以及移民的迁徙活动有何关系呢？

要搞清楚这些问题，我们首先要了解古代交通格局的变迁，再了解移民迁徙的历史，并以此推演出会馆与移民的密切关系。

（1）中国水运格局与会馆分布的关系

会馆的产生离不开明清时的交通变迁，会馆兴衰过程也正是中国交通体系由"通"到"顺"再到"畅"的全过程。交通不"通"，人口不能大规模流动，异地的同乡人没有大量聚集，同乡会馆将无法产生；而交通过于"通畅"，人员远行变得便捷快速，往来频繁容易，异地同乡人失去"他乡遇故知"的归属感，人们想家可以直接返回故乡，而无需在他乡建会馆、叙乡情、祭

麻神，会馆失去"精神寄托"的必然性。因此，会馆在民国后期全国公路交通网络基本建成时开始逐渐淡出社会生活，并最终走向衰落。

中国交通格局是先形成水路运输网，再形成铁路公路运输网。会馆基本上都是沿江河水道布局，却绝少出现在公路铁路沿线，这正是由于交通的顺畅快捷使远行他乡的商人可以方便返乡，反倒使会馆失去了移民精神寄托的必然。因此，会馆产生源于水运格局的形成，却衰落于公路铁路的出现。水运格局的形成是一个漫长的过程，而会馆的产生则是明清水运网络形成后人口大规模流动的必然结果。

明清水运交通的格局，东西向主要靠黄河、淮河、长江，南北向主要是西边的汉水和东边的京杭运河，这几条河流也是会馆曾经分布较多的地方。

从地理的角度看，中国的地理格局分为三个大台阶，分别是青藏高原、川陕云贵高原和东部广袤平原。中国的人口迁徙大体上分布在地势较低的第二级和第

15

三级台阶上。

中国地势西高东低，大的河流山脉走向也以东西向为主，它们将中国腹地在南北之间也分出几个层次，其主要的分界线为长江、黄河及秦岭山脉（秦岭是南北分界线，此外，大巴山、大别山也起到分界岭的补充作用）。

山脉和江河的意义各不相同。山脉的意义重在阻隔，而贵在有孔道可以通行；河流的意义重在流通，而贵在有渡口、码头可以渡过。

一般说来，山脉是人口迁徙的天然障碍，河流是人口迁徙的主要通道。北方部族向南迁徙，秦岭、大巴山、大别山脉是极难逾越的，汉水却在三座山脉之间撕开一条河口，向南直达长江，使湖广之地与秦巴之地联系起来。而东部自隋唐以后，借助运河的开通，北连黄河，南通长江，使南北交通逐渐顺畅，人口迁徙也日渐频繁。如果北方的丝绸之路、东方的海运航道、南方的丝绸之路，茶马古道联系起来形成"外环"，那么黄河、汉水、长江、运河就可连接形成"内环"，这是中国人口主要迁徙交流之"环"。当然，在这大"环"之内，还有众多支流、河汊、官道、驿路形成纵横交错的交通网络，而大的古镇、商街以及会馆就是分布在这些网络的节点上。

（2）从"北方填南方"到"江西填湖广，湖广填四川"

在冷兵器时代，北方的骑射部族轮番向南方农耕部族侵占，中国古代史基本是北方统治阶级向南方扩张的历史（但明朝是个例外），故明以前人口迁徙大方向也是由北向南迁徙，即"北方填南方"，主通道就是运河和汉水。运河建于隋唐，但带动两岸城镇繁荣，引发人口大迁徙却是在宋代。

宋是一个很特殊的朝代，虽然北方一直受辽、金的骚扰，但借助秦岭屏障，南方的老百姓却能够过着相对安全无忧、比较富裕的生活。特别是隋唐运河的开通，使东南江浙地区的经济迅速发展，宋朝政府更加关注水利建设，而且重点由东部转向湖广、四川地区的长江中上游、汉水流域（湖北最重要的荆州堤防就始建于宋代）。宋代江河的通行能力远大于前朝，人口远程流动也较过去频繁，城镇中的商业活动也因此增加，一个重要特征表现是街巷制取代了延续千年的里坊制，城市中出现了真正的商业街道。应该说，中国真正的商业社会始于宋，而这与宋代开始注重水运河道建设以及由此带来的人口大迁徙、商品大流通是分不开的。

但是，宋元两朝的移民迁徙仍是在北方对南方武力征服过程中产生的，所以迁徙方向延续了古代"北方填南方"的大趋势。

到了明代，湖广地区的江河堤坝建设基本成形，长江、汉水形态得以固定（过去由于连年泛滥，水道改变无常，严重影响航运），江汉平原、古云梦泽的水位开始退去，大片泽地变成耕地，土地人口容量增加，吸引大批人口进入湖广地区。

到了明朝中叶，汉水入长江口处出现了一个新兴的商业重镇——汉口，以此为核心，直接带动了周边江西、湖广、四川的人口流动及商贸往来，南北向的迁徙格局发生改变，出现"江西填湖广，湖广填四川"的移民潮（这其中战争移民的因素减弱，更多的是生活移民和商业移民），人口开始由东部向西部大规模迁徙了。而它的起因，主要归于湖广、巴蜀地区水利建设及由此引起的交通畅通和大批新耕地的出现，而"汉口"的出现，则是东西移民迁徙由"通"到"畅"的标志。

明代"东西向"的迁徙与宋代以来"南北向"的迁徙一起形成中国腹地的迁徙之"环"，引发了中国历史上规模最大的移民潮。这个"主环线"就是上面提到的"内环"：黄河、汉水、长江、运河以及淮河。

此时，在移民迁徙"环线"沿线，密集地出现了一种崭新的建筑形式——会馆。前文提到，会馆最先出现在人口流动频繁的北京，以后，沿运河向东南，逐步出现在江浙、安徽地区，而兴盛期却是在明清"江西填湖广，湖广填四川"移民大迁徙之时。

（3）湖广通则天下通——明清时期湖广大移民及会馆兴起

明清移民潮史称"江西填湖广，湖广填四川"，其核心是"湖广"。湖广（湖北、湖南）居长江中游，在上、下游之间居枢纽性地位。从湖北沿长江上溯，穿越三峡，是为古人入川的主要通道之一；而穿洞庭，过湖南，又可直抵广西、广东；东边更是与当时的人口大省江西接壤；若是上下游之间对抗，则湖广西部又可阻遏川中势力之东出。可以说，湖广之地，居中国交通的中心，"湖广通则天下通"。

另外，湖广之重在湖北。从湖北借汉水北上，还可经略中原，进图北方。襄阳、古武昌

（鄂州、黄州）、荆州为湖北境内的三大重心，犹如鼎之三足，撑开湖北形势，使湖北在面向不同的方向时显示出不同的战略意义。顾祖禹在谈到它们的战略意义时精辟地论道："以天下言之，则重在襄阳；以东南言之，则重在武昌；以湖广言之，则重在荆州。"南北对峙之际，荆襄每为强藩巨镇，以屏护上游，打通荆襄，往南则几乎无险可守。向东，长江从大别山脉和幕府山脉之间冲出，武昌（鄂州）、黄州守在冲口之处，自古未有失武昌而能保有东南者。

移民进出湖北，也正是通过襄阳、武昌、荆州三足。以江西为主的长江中下游移民乘船溯江而上，先选择鄂东定居，故东部江西移民最多。然后分三路向湖北中部、北部、西部扩散，一路从江西经鄂州、黄州进入，一路进入汉水逆流而上，由荆州、宜昌入巴蜀，另一路则走"随枣走廊"的陆路通道。陕西、山西、河南等省移民则通过两条路南下，山陕移民主要沿汉水河谷通道首先进入鄂西北，或者穿过南阳盆地到达襄阳，再沿汉水向其他地方扩散。另外，由黄州沿举水河、倒水河北上，经麻城，翻越大别山小界岭可进入皖豫两省，特别清朝初期，皖、豫、鄂移民汇聚麻城，经黄州顺长江入巴蜀，拉开"湖广填四川"的大幕，这条线路移民声势浩大，一直持续到清晚期，以至于民国时期，80％以上四川人都认祖归宗自己的老家是湖北麻城，而在巴蜀之地所建会馆，除湖广会馆这种省级会馆以外，最常见的地方会馆就是黄州、武昌会馆了。

分析移民资料，湖广地区出现过两次迁徙高潮。最大的一次是元末明初。元朝末年，两湖尤其是湖北，是红巾军与元朝军队以及朱元璋厮杀拉锯的主要战场，社会动荡使人口锐减。朱元璋统一长江流域之后，于洪武年间下令组织人多地少的江西人迁往湖南、湖北，一时间长江上西行的移民船只一艘接着一艘，陆路上拖家带口的单身移民也络绎不绝。今天湖北一些地方还流传着"洪武开坎"的传说，两湖的家族中有50％就是洪武年间迁来的。第二个高潮则是清初。与洪武移民相比，这次高潮的规模要小一些。因为经过几百年的开发，两湖的人口压力已经出现，当江西等省移民在向西迁徙时，两湖也有不少人向西去寻找更好的发展机会，形成了有名的"湖广填四川"的移民运动。明末以后，有些江西移民继续西行到了四川、陕南等地。从明朝永乐年间到明朝后期，江西等省移民仍在源源不断地迁进两湖，虽然不似洪武年间猛烈，但因时间长，总量也十分可观。这些移民主要是为了在经济上寻求发展，以为两湖荒地可随意圈占开垦，有的因苦于江西等地赋重，两湖比之要轻而且逃税机会多才决定西迁。总之，出于经济考虑是这个阶段移民的一大特点，而且都是自愿的，不像洪武年间带有一定强迫性。

湖广地区大规模移民运动之所以能持续不断地发展，战乱只是一种外在的推力，根本的原因在于长江、汉水流域"治水"日渐成效，使水运通畅，并出现大量新开耕地。自秦岭打开襄阳出口，向南便是沃野千里的荆襄平原、江汉平原。但是明朝以前，这里却是汉水和长江的洪泛区，大片土地都是沼泽，移民通道并不顺畅。明清时，随着水利建设渐趋完善，泽地变成耕地，人们开始在平原的高地兴建村落，荆楚大地人口也逐渐兴旺，但洪涝仍是人们最主要的威胁，正如湖北巡抚姜晟观察到的那样，"楚省临江傍湖田地，每

年水发被淹，水消补种……视以为常"（《长江洪档》：492）；另一巡抚瑚图礼亦指出，"潜江等州县，均处荆襄下游，向来遇水即淹，民知趋避"（《长江洪档》：563）。其中"水"显然是指季节性的洪水，对农业生产造成影响的还有因堤防溃决所形成的洪灾以及因季节性洪水、洪灾、降雨过多或江水自然渗漏所引起的涝灾、渍灾。因水灾频繁及堤防在江汉平原的重要性，变化的环境在明清时田垸的开耕和人口的发展中因而起着重要的作用。

修筑堤防本身就是农民对这一环境的反应。"修堤"使河道的形态得以固定，既方便行船，又使平原上的耕田免受洪涝之灾。汉水、长江的堤防始建于宋，在明末基本成形，这极大地改变了湖广的交通状况，使两江会合处的汉口一跃成为商业重镇，汉口也是当时湖广地区发展最快、会馆最多的城市。

湖广人在外地修建会馆，念及最多的就是"治水"，他们也因此把"大禹"作为祭祀的对象，把湖广会馆称作"禹王宫"。所以，移民的过程，也是长江、汉水流域内治水开发，与

自然斗争获取生存空间的过程。

（4）国衰则四川兴——清末巴蜀会馆的兴盛

四川位居长江流域的上游，是典型的盆地地形。在盆地外围的每个方向都是崇山峻岭，其交通状况之艰难非其他地域可比。长江三峡是其与东方之间的往来孔道，嘉陵江及其支流河谷低地是其与北方之间的往来孔道。两个方向的往来孔道都极其险要。大抵东面为水路，行江道；北面为陆路，行栈道。这两个方向又分别归重于两大重心：重庆和成都。由重庆东出，经三峡穿越巫山，可入湖北，大抵以奉节（古夔州）为其门户，瞿塘关（亦称江关、捍关）即在此处；从成都北出，由金牛道、米仓道可入汉中，另由阴平道可通陇上，大抵以剑阁为其门户，剑门关即在此处。在重庆与成都之间，又有几条江河水路相连通。

四川盆地在历史上每被称为“天府之土”。四川腹地与湖广相似，都是长江及其众多支流冲积而形成的平原，正如《华阳国志·蜀志》所记述的那样，成都“蜀沃野千里，号为陆海”，“水旱从人，不知饥馑，时无荒年，天下谓之天府也”。四川盆地也正是因治水而通畅了交通，整治出大片耕地。四川人在各地建会馆，首先祭李冰父子，而这两人与大禹一样，都是传说中治水的功臣。

四川盆地治水成功后，出现沃野千里，宜于农业生产，加上四川及其周围地区物产丰富，因此，四川地区又被赞为“民殷国富”。正是由于四川盆地的富裕，而四周又有天险可守，这里自古成为政权的避难所，史学界有“国兴则四川衰，国衰则四川兴”之说。例如，在清末太平天国运动时期和后来抗战时国民政府退守重庆期间，国家虽然受外强侵略、内乱骚扰，国力极度衰弱，但是四川却独安一隅，各地富商、名士汇集，经济得到迅猛发展。

“国衰则四川兴”还体现在“天府之土”所拥有的独特天然资源——川盐。今人已很难想象盐对古代社会的重要性，我们如今唾手可得的盐在过去曾经支撑着整个国家的经济命脉，盐业带来的税收，足以供养、支撑一个庞大的政治军事集团。中国古代历史上，为争夺有限的盐业资源，曾引发过许多大规模的战争，如传说中的炎黄部落之战、炎帝与蚩尤部落之战以及后来的巴蜀之战、巴楚之战直至秦灭巴楚，许多史学家认为其主要目的就是为争夺山西、山东、淮海、四川的盐业资源。史学界普遍认为，正是由于三峡地区有大量天然盐泉的分布，才使长江的中上游地区成为古人类遗址及文化的富集区。巴蜀地区曾经活跃的巴国是一个"因盐而起、因盐而兴、因盐而亡"的国家，"巴蜀之战"以及"秦灭巴蜀"很大程度是由于对其盐矿资源的掠夺。

从我们目前整理的资料来看，明清移民以及巴蜀会馆的兴起都与川盐经济有密切关系。在清末太平天国运动时期，由于产量最大的淮盐运输受阻，促使川盐销量大增，形成第一次"川盐济楚"，鼎盛时仅川盐税收占整个四川税收的80%以上，这极大地促进了巴蜀经济的发展。今天我们看到的许多巴蜀会馆都是兴建于这一时期；在八年抗战争期间，国民政府蜗居重庆，失去了对全国大部分地区的经济控制，为了维持收入，开始了历史上第二次"川盐济楚"，即以川盐销售湖广地区，以盐税养战，使川盐在国家危难之时又承担了一次救国重任。

巴蜀险要之地形成"天府之国"的地理基础，巴蜀地区成为天然的避难所。清末清朝政府被太平天国折腾得疲惫不堪之际，巴蜀经济在四川盐业带动下却迅速发展，再加上湖广地区水运条件的极大改善，大量人口沿长江、汉水及湘、鄂西地区涌入这个相安一隅的"天府之国"，这是清末"湖广填四川"移民的原始驱动力，而这批移民中，很多是商业移民。

初到巴蜀的外乡人难免水土不服，思乡心切，特别是与土著人之间的矛盾不断，商人与商人之间，商帮与商帮之间，争强夺势，互相挤对的状况严重。在激烈的竞争中，旅外同乡深刻认识到"无论旧识新知，莫不休戚与共，痛痒相关"，必须团结同乡仕商，"广其业于朝市间"。于是他们通过会馆这一组织利用传统的地域观念，把商埠中同乡之人联合起来，互相支持，共同一致与异域商人进行竞争。他们开始置建会馆，不仅在省城，更在水埠码头、商业街镇置建，于是专门服务于商业的巴蜀会馆应运而生。

这只是就大的趋势而言。实际上，会馆形成、演化机制很多，它应该涵盖了人类学、社会学、地理学、历史学、建筑学的多方面，在后面我们还将一一展开论述。

2.2.2 会馆的演进

王日根在《明清时代会馆的演进》一文中，将会馆的发展划分为三个阶段：形成时期（明中叶以前）、兴盛时期（明中叶—清咸丰同治年间）、蜕变时期（咸丰同治以后）。但是，由于各地发展的不平衡，会馆兴衰时间，演变主要机制有很大差异性。

前面已经提到，会馆是明清社会的特定产物，它的产生，首先得益于中国交通格局的顺畅，特别是湖广、巴蜀水运交通治理卓有成效，而由此产生的人口迁徙、经济发展、文化交流，共同促进了会馆的演进。

但是，区域间交通发展不平衡，交通网络形成时间各有先后，会馆在各地兴盛时间也各有不同。例如秦岭以北，黄河流域地区，由于自古是封建王朝的主要统治区，经济相对发达，与周边人员往来较频繁，会馆出现时间也较早。特别是京城，由于每年聚集大量各省应考试子，出现很多为同乡试子提供住行安顿的科举会馆，这成为会馆的前生。随着明代科举制度的发展与朋党政治的发展，南北方在朝官员逐渐因文化背景的不同和及第者地域分布的失衡而产生矛盾，地域保护主义观念开始抬头，这迫使封建政府不得不采取"南北分卷"与地域人员分布定制化的政策，来自不同地域的官吏非常渴望自己乡井的子弟科举及第以便入朝为官，他们开始把来京应试之子弟的住所经营城专门的会馆，作为安顿同乡幕僚的理想场所。每逢春闹秋闹，他们便搬出会馆，为应试士子提供住所、饮食之便利，也有的在原会馆之外再添设新的会馆作为接待应试子弟的场所。于是，原来会馆变为兼作试馆或另外专设试馆便蔚然成风。有的为了维持原来会馆的特色，一改过去兼容并包的习惯，对住馆人员作了一定的限制，因为寓京人员有日渐增多的趋势，成分上也日渐庞杂。万历时人沈德符敏锐地发现了这一变化。他说："京师五方所聚，其乡各有会馆，为初至居停，相沿甚便，惟吾乡无之先人在史局时首议兴创，会假归未成。予再入都则巍然华构矣，然往往为同乡贵游所据，薄宦及士人辈不得一庇宇下，大失初意。"这里，"其乡各有会馆"是说有余资的在京官吏一般都会竭力设置代表故乡利益与实力的会馆，并马上得到同乡官员的响应，兴建至达到一定规模，"巍然华构"应该是相对于当时时代而言，既然是同乡贵族所创，当然首先为同乡贵族所据。当然，会馆"贵族化"也只是在早期北方京城地区比较明显。随着会馆的发展与普及，它逐渐被商人与同乡民众占据，成为同乡人的精神寄予之所。

在中国东部，随着明清京杭大运河的进一步挖掘开通，淮河流域、江浙地区大批商人开始在京设立会馆，并把会馆之风带到运河沿岸。比较典型的是安徽芜湖人在北京设置了芜湖会馆，该会馆在前门外长巷上三条胡同，是明永乐间（1403—1424）由邑人俞漠捐资购屋数橡并基地一块创建，它最初不过是京官买地建造的旅舍，或许是作亲朋寓居之所，或者可看作官吏涉足商业活动的开始，后来，俞漠辞官归里时把这份产业交给同乡京官晋俭作为芜湖会馆，成为芜湖乡人聚会的一个场所。对于寓居京师的官员来说，能集中于会馆共叙乡情乡音，是会馆最直观的意义，即集会之馆舍。应该说，京官在京购地建馆的情况当时相当普遍，如江西浮梁在京师的会馆位于"北京正阳门外东河沿街，背南面北，其一在左，明永乐间

邑人吏员金宗舜鼎建，曰浮梁会馆"。又如广东会馆出"永乐间王大宗伯忠铭、黎锉部岱与杨版曹护山所倡建，厥后会馆改建于达摩厂"。

直到明中叶后社会经济积累到一定程度，商业活动大量增加之后商人会馆才独立出现。到明末清初，运河沿线会馆更是如雨后春笋般纷纷建立，例如当时山东运河上的商业重镇聊城，仅一条米市街上，就聚集会馆八大家，而且个个富丽堂皇、争奇斗艳，从现存运河岸边的山陕会馆就可窥见当初的繁华。此外，如扬州、上海、杭州、宁波等地，当初都是会馆的富集地，现存会馆仍有不少。

但是远在西部的巴蜀之地，会馆的演进状况却又有不同。虽然明末清初已有大批移民进入湖广、巴蜀地区，但这些移民多为流放、逃灾之民，生活大多疾苦，他们与当地土著纷争不断，但基本受到压制，很难形成大的帮派。到清中叶以后，经过百年"江西填湖广"运动，湖广之地逐渐饱和，移民大规模向巴蜀运动，出现"湖广填四川"高潮，巴蜀移民才渐成气候，巴蜀之地也开始出现大批会馆。到了清末咸丰年间，受太平天国运动影

响，长江中下游水运受阻，江浙、徽州地区经济大受打击，而巴蜀地区经济却"一枝独秀"，特别是当时清政府经济命脉的"淮盐"运输受阻（淮盐主要有江浙商人和徽商经营，他们也因此成为当时最富的商帮），为弥补国力财政空虚，清政府发起"川盐济楚"运动，即以川盐售卖代替淮盐传统销售领地。巴蜀经济因此得到高速发展，各地商贾云集，大批手工艺者、技术工人涌入，巴蜀移民结构发生重大改变，由"生活型"移民转为"商业型""技术型"移民，移民数量也较以往大为增加。他们聚集在水路要冲、江河码头，抢生意、占地盘，而会馆成了帮派领地的重要标志。巴蜀场镇，也有别于其他地方的血缘型聚落，场镇的中心不是祠堂，而是会馆以及富商的大宅。

正是明清时期巴蜀、湖广地区治水逐渐出现成效，水泽退后大片耕地产生，土地人口容量增加，促进社会生产力的发展，产生大批移民潮。而治水使水运更加通畅，交通的便捷为商业贩运提供了广阔的天地，南来北往的商人推进了巴蜀物资的流通和人员的交往，可是由地域文化而产生的不同语言、文化习俗又构成了商人们谋求发展的障碍，同籍商人的会馆由此有了驱动力。特别是清朝中后期，由于川盐经济的发展，使四川成为全国巨商富贾云集之地。在家乡，人们靠宗祠、家庙维系血缘关系；在异乡，人们起而模仿祠堂、官绅堂馆而建同乡会馆，并发扬光大，其主要功能为"祀神、合乐、义举、公约"。

首先是"祭神"，神灵崇拜为会馆树立了集体象征和精神纽带；而"合乐"为流寓人士提供了聚会与娱乐的空间，人们会在节日期间"一堂谈笑，皆作乡音，雍雍如也"；"义举"则不仅为生者缓解旅途之困，更注重给死者创造暂借、归葬的条件；"公约"则要求会员遵循规章制度维护集体利益，从而维护社会秩序的安定。特别在巴蜀移民集中的场镇，会馆则成为克服土客矛盾和客客矛盾的场所。

总之，会馆是明清时期易籍人士在客地设立的一种社会组织，它适应了社会的变迁而产生，又不断地改变着自己的形态，在对内实行有效整合的同时，又不断谋求与外部世界的整合。在会馆的演进过程中，不仅存在着时代发展的阶段性，而且又包含了地域发展的差异性。

②③ 会馆的分类

会馆如果以其使用功能进行分类的话，大致可以分为：同乡会馆（移民会馆）、行业会馆、士绅会馆、科举会馆四类。但是，这种分类也不是绝对的，有时多种功能往往又结合起来，很多会馆既是行业会馆又是同乡会馆，虽然，两者侧重点会有所不同。

同乡会馆的表现形式多种多样。从范围看，主要以行政区划为单位来划分，有的是以省来划分，如湖广会馆、山陕会馆，还有的因经商的地区相同而建立，如陕西旬阳蜀河镇的黄州会馆、重庆齐安公所等；还有一类"行业会馆"，是由同业组织为应付当地土著的压迫和保护自己利益而组合的行业会馆，如宁波钱业会馆、赤水船帮会馆，颜料行会馆、药行会馆等。从建置看，有的会馆规模宏大，有正殿、附殿、戏台、看楼、义冢、议事厅，有的会馆仅为一小室，以供一神或数神为满足。从经费来源看，有官捐、商捐、喜金、租金、抽厘、放债生息等名目，各个会馆又各有侧重。再从内部管理看，有的是官绅掌印，有的是商人主管，有的还可能是手工业者或农民自理。

同乡会馆和行业会馆都属于"商人会馆"，它们的产生背景多以经商为目的，不管是"同行"还是"同乡"，保障各自获得的经济利益，是他们建馆聚众的主要动因。除"商人会馆"外，另一类则是"政治性会馆"，包括士绅会馆和科举会馆，这类会馆除经济利益外，更多的是政治诉求。"政治性会馆"主要集中在秦岭以北及东边的运河流域，特别是京城一带，达官显贵的聚集地，"政治性会馆"也分布最多。无论如何，"商人会馆"一直是会馆的主要形式，往往一个地方商人会馆的多少，说明那里经济的发展状况，尤其是商业贸易的发展状况。

当然，会馆建筑的功能随着时代的变迁而屡有变化，而且，不同区域功能的侧重点也略有不同。例如：京城早期会馆主要为科举试子和士绅服务，对象为社会中上层人士；而运河、淮河流域，则更偏于商业会馆，主要为士、商阶层服务；到了湖广、巴蜀地区，会馆主要是由移民建造，移民中也包括商业移民和生活移民，与其他地方相比，有更广泛的民间基础和大众参与性，这时会馆的出现，弥补了封建政府管理的不足，适应了对流动人口管理的需要，从而在明清得到大量发展。

下面，我们将对各种类型的会馆展开论述。

2.3.1 同乡会馆（移民会馆）

同乡会馆也称作移民会馆，移民包括生活移民和商业移民，在不同地域、不同时期，这两种移民的比重和表现形式各有不同。在东部江浙地区以及运河沿线，商业发展较早，会馆产生较早（明末清初），会馆由旅居异地的商人建造，商人管理，商业移民在同乡会馆中是主要角色，会馆的商业属性比较明显；而西部巴蜀地区，商业发展相对迟缓，明清时移民多是生活移民，他们大多被生活所迫，客居他乡，很少有财力建造同乡会馆。直到清中叶以后，随着长江水道的通畅及四川盐业的发展，大批商人涌入巴蜀，他们与当地同乡一起，在移民通道沿线纷纷建立同乡会馆，但与东部会馆不同，巴蜀同乡会馆多由移民集资建造，由生活移民和商业移民共同管理，因此，同乡会馆的移民属性更加明显。

历史上，由于政府强令、人口不均衡、战争、自然灾害等影响，人口的迁徙出现多次高潮。新移民由于对新环境的陌生，往往同宗同乡建立各自的同乡会组织，这些同乡会组织的主要活动场所即是同乡会馆。据清人徐珂记述说，"各省人士，设馆舍以为联络乡谊之地，谓之'会馆'，或省设一所，或府设一所，或县设一所，大都视各地官、商之多寡贫富而建筑之，大小规模凡有不等"。由此可见，设置"同乡会馆"在当时已成为一种风气。

早期会馆的职能比较简单，以联络乡谊、互通声息、扶持乡友、抵御外来的侵扰为主。随着会馆形式的兴盛，会馆在社会生活中的作用越来越重要，担负的职能也日趋复杂，成为当时民间主要的社会组织形式之一，归纳起来主要有四大方面：[1]

一是祭祀乡神。

前人多把会馆的功能概括

---

[1] 赵明. 晋商会馆建筑文化探析: 以中原地区晋商会馆为例[D]. 太原: 太原理工大学, 2007

成"答神麻、睦乡谊"，"祀神明而联桑梓"，或者"祀神、合乐、义举、公约"。会馆在建筑与信仰上类似神庙，里面也要供奉神灵。同乡会馆所供神灵一般是乡土神，如山西、陕西人供关羽为关圣大帝，福建人尊林默娘为天后圣母，江西人奉许逊许真君，浙江人奉伍员、钱谬为列圣，云南人奉南霏云为黑神，广东人奉慧能为南华六祖等。与中国古代宗教多神信仰的庞杂性、随意性、附会性、实用性等特征相一致，同乡会馆的神灵设置也多由最初的一神供奉而变为多神供奉，即除主神外，还设置若干配享神。如北京的山西临襄会馆供奉协天大帝、增福财神、玄坛老爷、火德真君、酒仙尊神、菩萨尊神、马王老爷诸神，湖广会馆既奉乡贤，又供文昌。上海的豫章会馆"正殿供许圣真君，旁殿供奉五路财神，厅楼供奉文昌帝君诸神像"。聊城山陕会馆中殿祀关圣帝君，左侧殿祀文昌神、火神，右侧殿祀财神、金龙四大王。佛山福建会馆天后宫"中奉天后元君暨地藏仁师、龙母夫人，上祀文武二帝，旁祀惠福夫人"。还有的会馆前祀天后，后祀关帝，形成多神敬仰的格局，但是各地乡绅作为主神的

形式在同乡会馆中一直很明确。

二是集会娱乐。

通过某种形式的庆典活动，尤其是通过共同的信仰，来维系乡土感情，各会馆主要的活动就是庙会活动以及大型灯会、戏剧演出，规模较大的会馆，多建有戏台。北京"玄武门外大街南行近菜市口有财神会馆，少东铁门有文昌会馆，皆为宴集之所，西城命酒征歌者，多在此，皆戏园也"。有的甚至是几座戏台，如毁于抗战时期的汉口山陕会馆共有两座戏台，宁波庆安会馆有前后两座戏台，京师作为首善之地，会馆最多，会馆剧场也独占鳌头，清代北京的会馆戏台有上百处，苏州的会馆剧场有15处，现存3处。其他如天津、聊城、烟台、洛阳、社旗、周口、张掖、成都、自贡、会泽等地都有会馆戏台遗存。那些身处异地的同籍为了联络乡谊，互相照顾同乡利益，供祭祀乡贤或燕集娱乐，"敦亲睦之谊，叙桑辛之乐"。

三是集体参政。

会馆建立的意义就在于它能让不同阶层的人们在乡贯的旗帜下聚集在一起，树立起会馆的威信，作为人们向上发展与落魄无归的依靠，同时要求会员遵守规章制度，维护集体、行业利益，

从而维护社会秩序的安定，发挥社会整合作用。会馆尽管是一种同乡或同业的民间自治组织，但也必然参加当地的一些地方事务，有时发挥着比地方政府都大的作用，可以视为地方事务的一种特殊类型或存在形态。

四是经济互助。

同乡会馆具有慈善公益功能，如救济同乡、同行，安葬客死他乡无人照料者，捐资兴庙、助学，修桥补路等。由于会馆是以同乡为基础，以发展商业集团利益为宗旨，因而每个会馆都在为如何发展自己、壮大自己经济实力而努力，这样也就以组织的形式和集体的努力，提高了本商帮的知名度，协调了本籍商人与其他商人之间的关系，在一定程度上促进了贸易的发展。由于封建势力在政治上起作用，所以各处会馆多为各地的乡绅所左右，也往往同政府官员有关联，因此会馆也就成为官绅活动的场所之一。同乡会馆的建立使当地文化得以与别的地域文化进行交流，产生一种新的地域文化。举凡宗教信仰、风俗习惯、建筑、雕塑、绘画、戏曲等领域，都有传播与交流。

表2.1　同乡会馆名称及供奉神祇先贤列举

所属省份	会馆名称	供奉神祇先祖
山西	山西会馆	关帝
陕西	陕西庙（会馆）、三元堂	刘备、关羽、张飞
山西、陕西	西秦会馆、山陕会馆、关帝庙、春秋祠	刘备、关羽、张飞
江苏、安徽	江南会馆、新安会馆、准提庵、江西会馆、紫阳书院	关羽、准提菩萨、朱熹
湖南、湖北	湖广会馆、禹王宫	禹王
湖北	禹王宫、黄州会馆、鄂州驿、齐安公所	禹王
江西	万寿宫、豫章宫、江西庙、旌阳宫、真君宫、轩辕宫、五显庙、九皇宫、邵武公所	许真人
福建	天后宫、天上宫	天妃、妈祖
广东	南华宫	六祖慧能
浙江	列圣宫	关帝
四川	川主庙	赵公明
贵州	荣禄宫	

巴蜀地区，数量最多的主要是湖广会馆、江西会馆、山陕会馆，本书将重点展开论述。

2.3.1.1　湖广会馆（禹王宫）

巴蜀毗邻湖广，移民的主体是湖广人，所以湖广文化对巴蜀文化的影响最为深远。湖广古为楚地，楚文化与巴蜀文化在历史上一直都有着渊源关系，就文化类型而言，巴蜀与楚称谓一个系统，而自有特征。尤其是川东地区与东边的荆楚地区始终保持着亲密关系，在自然环境、语言风俗方面存在许多相似，即所谓"蜀楚接壤，俗亦近似"。

在巴蜀各地的同乡会馆中，以湖广会馆影响力最大。据统计，四川的湖广会馆共达172所，而全国的湖广会馆总计219所，四川占了78.5%。在四川省的172所湖广会馆中，大部分在川南，计86所；其次分布在成都府中心地区的有42所，其中最早的一所设于康熙十一年（1672），其余多设于18世纪；再次是分布在成都府四周及西南部28所，多是雍正至嘉庆年间所建；而分布在川东的却最少，仅8所，这可能与移民的二次迁移有关。[1]

湖广会馆现存较大的有北京湖广会馆、重庆湖广会馆等，湖广会馆中祭拜禹王，因此，各地湖广会馆也称为"禹王宫""禹王庙"，如重庆湖广会馆内就有禹王宫的牌楼，其他如贵州石阡县的禹王宫、河南荆紫关的禹王宫等，都规模宏大，保存完好。

一般认为，湖广填四川的主要移民集散地在湖北麻城孝感乡，十有八九的四川人族谱上都

记载有湖北麻城，因此，麻城作为湖广移民的代表，在巴蜀各地也建有大量地方会馆，统称为帝主宫，祭拜麻城地方神张七。麻城在明清时一直属黄州府统辖，因此，四川各地黄州会馆也非常多，由于祭拜的地方神张七曾被封为"护国公"（麻城地主宫中至今仍存有"护国佑民"的巨幅牌匾），黄州馆亦称"护国宫"，例如陕西蜀河的护国宫即为黄州会馆。

此外，湖北的武昌、鄂州也都曾是湖广的府城，因此，各地也多有武昌馆、鄂州驿等馆名，这些也都是湖广会馆的分支类别。

2.3.1.2 江西会馆（万寿宫）

明清移民的总趋势是"江西填湖广，湖广填四川"，江西与四川虽然隔着湖北，却是对四川人口输出的大省，而从会馆的统计数量上看，江西会馆甚至超过湖广，位居第一。全川的江西会馆有320座，约占总数的22.86%，从全川移民会馆的总数及各省籍会馆的比例，可见江西籍人在四川的数量较多，财力状况较好。

会馆的建立与移民的地理分布大体成正比。在川东、川西、

---

[1] 王笛.跨出封闭的世界:长江上游区域社会研究1644—1911 [M].北京:中华书局,2001

川北和川南各地皆有江西籍人建立的会馆。特别在川西平原在川东、川南和川北的平坝江河流域，人口较多，商贸繁荣，江西移民多，其会馆也多。特别在盐业生产兴盛之地，也是移民劳动力的聚会之地，会馆也相应建得多。

江西籍人在云南、贵州也建立了一些会馆。据不完全统计，在云南省33个县市建有50座江西会馆，在贵州省的46个县市建有95座江西会馆。[1]

江西会馆主要称为"万寿宫"，其他称谓也很多，例如，全省性的称之"江西庙""旌阳宫""真君宫""轩辕宫""五显庙""九皇宫"等。府、县人氏建的赣籍会馆称谓更多，据南昌大学历史系教授万芳珍述及的以府为单位的会馆称谓，如吉安府人氏的"文公祠""武侯祠"，南昌府人氏的"洪都府""豫章公馆"，抚州府、临江府人氏的"邵武公所""萧公庙""萧君祠""晏公庙""三宁（灵）祠""仁寿宫"等，还有各县的如"泰和会馆""安福会馆"等。

江西会馆之所以称为万寿宫，是因为会馆中主要祭祀许逊，即许真君，其主要道场在南昌西山的万寿宫。据文献记载：许真君，原名姓许名逊字敬之，祖籍河南汝南，出生于南昌县长定乡益塘坡。相传许逊生性聪颖，博通经史，经医理道术。西晋太康元年（280）许逊42岁，出任四川旌阳县令。当时旌阳一带疫病流行，许逊为民治病药到病除，深得百姓爱戴。故江西会馆亦称为"旌阳宫"。

2.3.1.3 广东会馆（南华宫）

广东移民经湖广地区，随湖广移民进入四川，进川时间较江西、湖广移民晚，数量也相对要少。但是广东移民会馆建设仍赶上巴蜀会馆建设的高峰期，因此其会馆在巴蜀各地分布相当广泛。据县志统计，共分布在四川的127个府州厅县，占当时四川府州厅县总数的80％。广东移民会馆不仅分布在各府州县的重要市镇，而且在穷乡僻壤的场镇也有建立。如地处凉山地区的西昌县，清代就建有15所广东移民会馆。

广东会馆大多用"南华宫"命名，也有一些别称，如"龙母宫、元天宫、粤东庙"等。广东会馆之所以用"南华宫"来命

---

[1] 孙晓芬. 明清的江西湖广人与四川[M]. 成都：四川大学出版社, 2005

名，是因为"南华宫以南华山得名，六祖慧能之道场也。"广东移民会馆大多修建于清代的雍正、乾隆年间，并且会馆的建立是逐步进行的，如屏山县的粤民会馆，在乾隆年编修的《屏山县志》中仅有2所，但到了嘉庆年编订县志时，竟增加到6所；华阳县境的5所南华宫，其中有2所为乾隆时修建，其余分别为道光、咸丰年间建立，这一方面是资金的不足，另一方面是粤省人口不间断地移民四川以及在川粤民人口的自然增长，原先的会馆组织已不能满足其人口增长的需要，只有重新修建移民会馆。

广东移民会馆祭祀的神大部分都是"南华六祖像"，但也有极少部分例外，如名山县广东移民会馆供奉的是庄子像，中江县广东会馆供奉的是天妃像，简阳县石桥镇的广东移民会馆供奉的却是关羽、周仓、关平像。广东移民供奉六祖慧能像，且以南华宫作为会馆的名称，正说明是以家乡先贤为纽带来联络乡情，加强自身的凝聚力。

广东移民会馆在四川的建筑规模也较为壮观，装饰风格豪华气派，色彩艳丽。如洛带镇的"南华宫"，是洛带镇的标志性建筑，清乾隆十一年（1746）由广东籍客家人捐资兴建。会馆坐北向南，重檐歇山，龙脊山墙，多重院落，主体建筑面积3310平方米，馆内石刻楹联条幅保存完好，联文取意及书法镌刻精美，其中"云水苍茫，异地久栖巴子国；乡关迢递，归舟欲上粤王台"一联最能反映客家先民拓荒异乡的创业艰辛和对故乡的思念之情；现存富顺县大岩乡境内的一所南华宫为砖木结构，面积900平方米，正门向西偏北，三重檐角，顶部檐下浮雕五龙缠绕'南华宫'匾额，中部刻有'曹溪香远'四字，该会馆现已被富顺县列为文物保护对象。许多南华宫还建有戏楼舞台，且附设小学校供孩子们读书，如犍为县顺城街的南华宫，内有二重两厢楼戏台抱厅，会馆建筑规模的宏大，一方面与当时每年节庆之日，同籍乡人在会馆"岁时祭祀、演剧、宴会"有关，另一方面两侧厢房用作书院，以期待子孙们学成功名，光宗耀祖。

会馆建筑的宏伟壮丽，成了移民团结力强大的象征。正因为如此，广东移民对会馆的保护和维修也特别关注，如大竹县的东粤宫自雍正元年建成后，以后在乾隆、同治、光绪年间一直修葺不已，使会馆日趋壮观。移民中的乡绅会首也经常出资或同籍人捐资维修会馆，如青神县的南华宫，嘉庆初年就由会首刘思信等出资重修。彭水县的南华宫，咸丰年毁于战火，乡人立即捐资重建。广东移民会馆的不断修葺和重建，以致民国年间大多数会馆建筑还保存完好。

2.3.1.4 山陕会馆（关帝庙）

山陕会馆，即明清时山西、陕西两省工商业人士在全国各地所建会馆的名称。陕西、山西两省在明清时代形成两大驰名天下的商帮——晋商与秦商。山西和陕西，一河之隔，自古就有秦晋之好的佳话。当时，山西与陕西商人为了对抗徽商及其他商人的需要，常利用邻省之好，互相结合，人们通常把他们合称为"西商"或"西秦商人"。山陕商人结合后，在很多城镇建造山陕会馆（也称西秦会馆），形成一股强劲的力量。山陕商人在明清时是实力最强的商帮，因此，在全国各地建造的会馆也最华丽。著名的如山东聊城山陕会馆、安徽亳州山陕会馆、河南南阳山陕会馆、河南开封山陕甘会馆、自贡西秦会馆等。

山陕会馆祭拜关公，因此也叫关帝庙，一般由山门、祭殿、拜殿、春秋阁几部分组成，春秋阁内一般会放一尊关羽坐读春秋的标准像，以显示关羽文武兼备、诚信忠义的品性。巴蜀地区最大的山陕会馆无疑是自贡的西秦会馆，会馆占地面积4000多平方米，中轴线上布置主要厅堂，两侧建阁楼和廊房，用廊屋连接组成若干大小院落，四周以围墙环绕，形成多层次封闭式的布局。整个建筑群由前至后可分为三个单元：第一单元包括正面的武圣宫大门、献技楼，两侧的贲鼓、金镛二阁，各建筑物间用廊楼相接，与后面的抱厅相望，构成四合院落，中间庭院开阔疏朗；第二单元以参天阁为中心，客廨列居左右，后为中殿，前有抱厅，参天阁两侧配以水池花圃，建筑比肩接踵，密中有疏；第三单元包括正殿和两侧的内轩、神庖。整个建筑物的高度及体量，由前到后逐渐增加。单体建筑内部由几根大柱承托各种横梁，组成坚实的框架，上建外观奇特的复合大屋顶。屋顶造型有歇山式、硬山式、重檐六角攒尖式和重檐庑殿式，重叠、配合使用。这种多檐的复合结构，为明清两代建筑中所罕见，体现山陕匠人的高超工艺。

2.3.2 行业会馆

表2.2 行业会馆名称及供奉神祇先贤

行 业 名 称	会 馆 名 称	供 奉 神 名
制盐业	盐神庙	河神
木船运输业	船帮会馆、王爷庙、杨泗庙、水府庙、平浪宫	李冰、杨泗郎、禹王
制铁器工具业 （铁匠帮）	雷祖庙	李聃
酒业	杜康会	杜康
屠宰业	张爷庙、桓侯宫	张飞
烧火业	火神庙、炎帝宫	炎帝
养牛业	牛王会	牛王
缝纫业	轩辕宫	轩辕
钱币制造业	钱业会馆	财神

资料来源：自绘

传统的具有工商性质的"行业会馆"主要是工商界中的同行业者之间为沟通买卖、联络感情、处理商业事务、保障共同利益的需要而设立的。"行业会馆"在清代中后期也有了较大的发展，许多行业会馆为了标榜自己的经济实力，对其建筑往往不惜资金精雕细刻，因而，具有较高的艺术价值。

"行业会馆"与"同乡会馆"有着不同的信仰，通常选择历史上同行业的或相关联的名人作为其膜拜的行业神。如屠宰业会馆中通常称为张爷庙或桓侯庙，内供有"张飞"；船帮会馆中则为王爷庙，内供"镇江王爷"等。

清前期同乡会馆居多，这时期会馆的兴建，主要是因清前期大量移民的涌入，在异地的客家人或同乡人需要聚会的场所而发展起来的。"后期由于移民入川依旧，'地缘'观念渐弱而'业缘'观念渐兴，会馆性质也渐由移民（同乡）会馆转至行业会馆"，成为行业帮会结社的场所和商业文化活动汇聚之场馆。[1]

行业会馆主要包括：船帮会馆（杨泗庙，王爷庙，水府庙）、盐业会馆（盐神庙、池神庙）、屠夫会馆（桓侯宫、张爷庙）、火工会馆（火神庙）、骡马会馆、浙江湖州的"钱业会馆"等。

2.3.2.1 船帮会馆

古代交通主要靠水运，因

---

[1] 张新明. 巴蜀建筑史: 元明清时期[D]. 重庆: 重庆大学, 2010

此船帮会馆是水运码头出现最多的行业会馆，船帮会馆在各地叫法不同，名称繁多，如汉水及洞庭湖流域叫"杨泗庙"，长江流域叫"王爷庙"，湘西鄂西则称"水府庙"，还有很多地方叫"平浪宫"，取风平浪静保平安之意。

以下将以丹凤县船帮会馆、自贡王爷庙、蜀河杨泗庙、漫川关平浪宫为例作简要论述。

（1）丹凤县船帮会馆，又名"平浪宫""明王宫""花庙"，丹江航道自春秋战国始即为贡道。为建都长安之历代王朝主要补给线，龙驹寨江岸当时是水陆换载的著名码头。船帮会馆，是当时从船上每件运货的运费中抽取三枚铜钱，日积月累，于清朝嘉庆二十年（1815）建成。建筑雄伟，高27米，坐北向南，面临丹江其中又祭祀着丹江水神，故俗称"丹凤花庙"。大门形似一座三开间的牌坊，颇有江南水乡建筑的风格。南面的花戏楼建筑特殊，高36米，第二层不用柱支撑，而是用巨木构成多角形构架相叠，层层向上递缩，形成一个锥体笼形结构。从舞台中央仰望，犹如急流中的漩涡，很是巧妙。戏楼是会馆的主要建筑，它集南北建筑之精华，使其有北方

建筑庄重大方的格调，又有南方建筑华丽、细腻的特点。

（2）自贡王爷庙坐落在自贡市中区的釜溪河畔，占地面积1000平方米，始建年代不详，但不晚于清同治年间，清光绪三十二年（1906）又新建成一座戏楼。该庙坐东北向西南，总建筑面积900平方米。戏楼为抬梁式木结构，单檐歇山式屋顶，通高4.1米，面阔8.9米，进深8.85米，戏楼离地面高度2.8米。戏楼采用抬梁式木结构建筑，单檐歇山式屋顶。正脊两端是鸱吻，正中置火龙宝珠一串，色彩斑斓绚丽。王爷庙建造科学，布局独特、结构紧凑、小巧玲珑；装饰华丽、雕刻精细，集雕梁画栋于一身，装饰雕塑以人物戏剧场面为多，这对于研究当时川剧乃至社会习俗、风土人情，都有重要的史料价值。

（3）蜀河杨泗庙位于蜀河镇后坡南端，坐西向东，背依山坡，南临汉江。面对蜀河，站在庙前就直接鸟瞰到码头和船舶，其现存建筑主要有上殿、拜殿、乐楼和门楼。庙内供奉的杨泗，人们说法不同，有说杨泗将军是一个因治水有功而被封为将军的明朝人，有说杨泗将军是晋朝周处那样的敢于斩杀孽龙的勇士，

有说杨泗将军就是南宋农民起义领袖杨幺。不管哪种说法，民间特别是船民都把他作为行船的保护神加以膜拜。蜀河镇口的这个杨泗庙是当年的汉江船帮留下的，高大庙门两侧有对联曰"福德庇洵州看庙宇巍峨云飞雨卷，威灵昭汉水喜梯航顺利浪平风静"，寄托的就是当年船帮的祈愿。

（4）荆紫关平浪宫，又叫杨泗庙，是荆紫关古建筑群中较为豪华壮观的一座。平浪宫坐落南街，距关门五十米，坐东面西，前望丹江河，占地500平方米，现有宫房五座，分前、中、后三宫和耳房。前宫是暖阁，中宫是拜殿，后宫供奉的是杨泗爷。宫门的南北两侧有对称的钟鼓二楼，南面叫钟楼，北面叫鼓楼。两楼造型相同，均系正方形，四角攒尖，三层，重檐叠起，脊头和屋檐翘角处装饰着木雕的龙头，形象逼真，在同类建筑中实属罕见。楼内各有4根大柱和12根小柱直托楼顶，它们象征着一年四季十二月风平浪静、风调雨顺。楼内所用木料多为质地硬韧的檀木和杉木，风剥雨蚀不走原样。两楼的木条上是木雕组画，有"二龙戏珠""二马奔腾""嫦娥奔月""天地日月"等，还有一些小巧的草木花卉和山水画幅，都有

较高的艺术鉴赏价值。两楼外侧的顶部竖有铁叉，铁叉框内嵌有铁字，钟楼是"风调"，鼓楼是"雨顺"。"风调雨顺"，是船工们的美好愿望，保佑世人永远风调雨顺，平平安安。

2.3.2.2 骡马会馆

古代陆路运输主要靠人挑马驮，长途贩运的骡马帮为了维护自己的行业利益，往往也会在各商业重镇建立骡马会馆，特别是陆运、水运交汇点，货运繁忙，也是骡马聚集之地，一般骡马帮把货物驮到码头，有船帮接收，并同时将船上的货物卸下，经陆路运送到水运无法到达的地方。

现存最典型的骡马会馆有：漫川关的骡帮会馆、麻城乘马会馆、丹凤马帮会馆。

（1）陕西漫川关的骡帮会馆位于漫川街中部，建于清光绪十二年（1866），为两个并连的四合院组成，前面南侧30米处是流霞飞彩的双戏楼。会馆的前殿、正殿为硬山顶，木柱高大粗壮，柱础为覆盆式。梁枋、斗栱、檩椽、门窗、山墙、山尖等等，均经过精雕细刻，彩绘油漆，一方面体现了古代工匠精湛的技艺，另一方面也显示了骡帮气派之大，财源之足。骡帮成员大部分为陕北、晋北人，也有少

数渭南、潼关一带的驮队。明清驮运最盛时，每天进进出出各有一百余头驮骡。民国年间，每天进出各数十头驮骡。1950年代前期，减少为每天进出十几头驮骡。1955年以后，由于公路的不断发展，"统购统销"政策对流通渠道的改变，驮骡随之绝迹。

（2）湖北麻城乘马会馆位于乘马冈镇乘马冈村，是从河南翻越大别山进入湖北的光黄古道上的重要驿站，这里也是黄麻起义的策源地之一，中共乘马第一个党支部于1926年9月9日在这里成立，乘马区农民协会及农民自卫军长期在此开展工作。在乘马冈镇还留存有当年红军与敌人激战过的杨四寨、得胜寨等遗址。

（3）丹凤马帮会馆位于丹凤县龙驹寨，古时为"北通秦晋、南接吴楚、水趋襄汉、陆入关辅"的水陆交通枢纽，古寨帮会会馆林立，有记载的12个，其中保存比较完整的有船帮会馆、马帮会馆、盐帮会馆、青瓷器帮会馆。马帮会馆位于西街小学院内，现有大殿两座8间，厢房10间，为砖木结构，硬山顶，梁架式，青砖砌体，屋面覆灰色筒瓦、猫头、滴水、花脊、兽脊，饰有木刻和砖雕各种花纹图案。

2.3.2.3　盐业会馆

在人类发展史上，盐业的生产和贩运有着举足轻重的地位，盐是人类唯一必不可少而又必须长途贩运才能获得的商品，盐在贩运过程中形成的巨大差价使盐业经营者获得丰厚利润，因此中国自汉代起就执行"盐铁专卖"制度。明清时期，徽州盐商、山陕盐商、四川盐商都曾是中国最富有的商帮集团。盐业经营者为炫耀财富，协调矛盾，纷纷在各个盐产地营造盐业庙宇或会馆，其中现存最有代表性的是四川自贡西秦会馆、罗泉盐神庙、山西运城池神庙、江苏盐城水街盐宗祠。

在中国众多的盐神庙宇或会馆中，主要供管仲为盐神，关羽和火神则作为管仲的辅佐相伴左右。管仲（？—前645），名夷吾，字仲，又叫管敬仲，春秋时期颍上（颍水之滨）人，由生死之交鲍叔牙举荐，被齐桓公任命为卿，尊称"仲父"。盐业是管仲在齐国力主发展的主要产业之一，他制定了《正盐荚》，成为了中国盐政的首部大法。"三代之时，盐虽入贡，与民共之，未尝有禁法。自管仲相桓公。始兴盐笑，以夺民利，自此后盐禁分开"（见《续文通考》）。管仲《正盐荚》创设了计口授盐法、专卖制和禁私法。在此后两千余年中，各朝各代统治者对盐业的管理基本上直接或间接取法于《正盐荚》，利用管仲之术，政府专控食盐产销，即实行盐业专买专卖制度，因此，盐神庙多奉管仲为主神，既受统治者的青睐，又获盐商们的拥护，真是当之无愧。

管仲左侧立关羽神像，一般认为是为宣扬关羽的忠君思想和尊崇关羽重情讲义的精神，以供朝拜者效仿。其实，更重要的是关羽老家解州位于古代内陆最重要的盐产地——运城，关羽追随刘备前就在山西、陕西贩盐，是一个标准的盐贩子，宋以后被追封为神，自然也成为盐商们供奉的对象。

管仲右侧立火神神像，其寓意为盐井下取出的卤水，只有在火神的保佑下，烈火熊熊燃烧，经过长时间的煎熬，使水汽化，盐结晶，才能得到井盐。因此，关羽和火神，陪管仲同为盐神，享受人间烟火，是理所当然的事。

2.3.2.4 屠夫会馆

屠夫会馆一般也叫张飞庙、桓侯宫。张飞是三国时期蜀汉大将，在桃园与刘备、关羽结为拜把兄弟，东汉末年随刘备起兵，官拜车骑大将军，为刘备三分天下立下汗马功劳。可惜他"敬君子而不恤小人"，常酒后暴怒，鞭挞下属，在刘备伐吴前夕，被部将所杀。后代帝王追谥张飞为桓侯。张飞曾当过屠夫，民间屠帮为纪念他"忠肝义胆"，祭奉为"始祖"。桓侯宫的名字由此而来。但民间都习惯将桓侯宫叫做"张爷庙"。

例如自贡桓侯宫即是自贡本地屠帮商人募资兴建的会馆。据说始建于清乾隆年间，咸丰末年烧毁，同治年间重修，并在同行中商议"每宰猪一只，按行规抽钱贰伯文"，经过众人的锱铢积累，终于在光绪元年（1875）落成，桓侯宫内的张飞像，圆目怒瞪，拔剑欲动，威风凛凛，两边有对联一副："修旧庙出新意，回想凤雏执法，豹头监讼，文武清廉堪百案；继桓侯鞭督邮，笑谈狼吏丧魂，狗腿断肢，古今腐败怕三爷。"桓侯宫面积仅有1 300余平方米，不过，工匠却在如此狭小的空间中巧妙地安插了戏台、大殿、钟楼鼓等众多建筑，毫无拥挤之感。会馆门厅立有24根立柱，门厅上是戏台，戏台楼沿饰有木雕，雕刻戏剧场景18幅，单人物就有164个。台下只有几把竹椅、几张木桌，一切平常得如同一个普通院落一般。当屠宰匠在会馆中决议重大事项，欣赏大戏时，他们的满足感显然已经超越了那些一掷千金的富商。

云阳张飞庙位于长江南岸飞凤山麓，离重庆市区382千米，与云阳县城隔江相望，庙前临江石壁上书有"江上风清"四个大字，字体雄劲秀逸，庙内塑有张飞像，珍藏有汉唐以来的大量诗文碑刻书画及其他文物数百件。三峡大坝建成以后，此庙被整体搬迁，现为云阳打造三峡游的重点项目。现在屠夫似乎已不是光彩职业，打造旅游品牌时，当地人已绝口不提张飞屠夫之勇，而只谈三国文化以及张飞的侠胆忠义，历史的原貌只能淹没在后人的附会之中了。

2.3.3　士绅会馆

士绅会馆主要由寓居京师的官员倡建或捐建，是明清会馆的最早形式。随后的科举会馆、工商会馆都是在士绅会馆的示范或直接参与下兴建起来的，如最早的安徽芜湖会馆就是士绅会馆。起初为官员聚会场所，后转为服务于科举，兼具科举会馆的功能。对于寓居京师的官员来说，能集中于会馆共叙乡情，既是封建经济条件下人们浓郁的乡土观念的一种本能的驱使，也便于同

籍官员在政治上相互扶植，共谋发展。同时，由士绅首先倡建会馆，也有其现实的可能性。

首先，兴建会馆需要一定的资金，绝非普通百姓所能支付，而士绅则可因地制宜，根据财力多少，或出资新建，或捐宅为馆，也可利用自己的影响力和威望在同乡中筹措资金。其次，居京官员也可运用自己的政治地位和声望为同乡人提供庇护，实施管理，并保证本乡会馆免受外人干涉。无论财力还是政治影响力，都是会馆存在和发展的前提。于是，京师各地域性士绅会馆纷起频出，蔚然成风。但随着各地流寓北京人口的增多，流寓人群的成分亦复杂多样，出于为同乡谋福利的目的，士绅会馆随后已不再是单纯的官员聚会场所，而是更多具备了服务于科举和商业的功能。

2.3.4　科举会馆（贡院、试馆、文昌阁、文庙、孔庙、状元楼、书院）

明清时依然沿用前朝的科举制度选拔官吏，所以在举行乡试的各省省城及会试和殿试的北京聚集了大量科举士子。尤其是每逢大比之年，全省或全国参加考试的士子纷纷云集省城或京师，

造成住房紧缺，食宿困难，一些当地人趁机抬高物价。如明清时，北京的一些民户在临近考期之时，便出赁单间客房以供赴试举子食宿。清《天咫偶闻》中记载："每春秋二试之年，去棘闱最近诸巷……家家出赁考寓，谓之'状元吉寓'。"但是这类"状元楼"租金昂贵，一般贫寒子弟是负担不起的，他们中不少人来京的路上省吃俭用，有的甚至被迫乞讨，到处受白眼和冷遇。京剧《连升店》里王名芳的情况并不是个别的。因此，举子们迫切企盼解决到京后的住宿问题，只好依傍同乡京官。同时，在京任职的官员，亦非常渴望自己乡井的子弟科举及第以便入朝为官，于是开始把会馆逐渐转化为安顿来京应试子弟的理想场所。他们或辟出一室以寓乡人，或干脆捐出作为公产，专门服务于科举的会馆便应运而生。这种以接待举子考试为主的会馆，有的就叫做"试馆"。例如北京花市上头条的遵化试馆，花市上二条的蓟州试馆等。如果说起初的士绅会馆仅为同籍官僚宴饮娱乐的场所，那么其后便体现出与科举结合的优势。他们不仅出资另建专门的科举会馆，还将原有的士绅会馆改造为科举会馆，如其中的一些

官员每逢春秋闱时搬出会馆，为同乡应试举子提供住所、食宿之便利。北京的会馆后期几乎都有服务于科举的功能。

另外，建于一些省会城市的会馆中也有专为科举服务的建筑，有时也兼具的科举会馆的功能，如贡院、状元楼、文昌阁、文庙、孔庙、书院等。

"贡院"是古代会试的考场，即开科取士的地方。明清两代的会试，一般在阳春三月举行，跟现在的高考不同的是，会试一般每隔三年才举行一次，平时则作为科举会馆之用。如鲤鱼跳贡院，位于建国门内大街东头的中国社会科学院的原址，在元代时为礼部所在地，到了明朝永乐十三年，改为贡院，是明清两代的科举考场。贡院为三进院落，大门五楹对开，称为第一龙门，进得贡院第二龙门，也有人称之为"内龙门"，门内建有数千间木栅制成的房屋，专门供考生在贡院内吃饭住宿，作为科举会馆之用。

应该说，贡院、试馆、状元楼、文昌阁、文庙、孔庙、书院，都是古代文人聚集的地方，但形式略有不同，贡院、试馆、状元楼主要功能是科举考试，闲时则为外省人科举考试提供食

宿，因此较偏重科举会馆功能。文昌阁、文庙、孔庙、书院多为本地读书人设置，以教书讲学为主，食宿为辅，他们的功能跟会馆有交集，但并不是严格意义上的科举会馆。

需要说明的是，以上所讲的构成明清会馆的各类会馆之间并无绝对严格的界限。从明中叶始兴的晋商会馆，各类人群在资本上相互渗透，主要服务于科举的会馆有商业资本渗入其中，主要服务于商人的会馆有时是由官绅来掌权，在移民区域的会馆既可以是工商会馆，同时兼移民会馆。

从根本上说，各类会馆间相互交错的特性与会馆的"同乡会"性质有关，同乡性是各类会馆兴建的基础。士绅会馆也罢，科举会馆也罢，抑或是工商会馆也罢，都是在同乡基础上的分群体的联合，也是一种纵向联合。同时，受浓郁乡土观念的驱使或家族裙带关系下亲情的影响，各类会馆还会在同乡性的旗帜统一下实现各群体间的横向联合，无论这一"乡"的概念有多大或是有多小，无论是大到数省，还是小到一镇，都是人们可接受的"乡"的概念。正如窦季良先生所说，乡土从来就没有绝对的界限。正是基于上述原因，才形成了明清会馆间相互联合，彼此渗透的局面。但从分布到规模以及主要投资群体来讲，同乡会馆是绝对的主体。

3 巴蜀移民与巴蜀会馆

③.1 "巴蜀"概念界定

3.1.1 巴蜀地域范围

"巴蜀"最早即是对古代巴国和蜀国的合称。

（1）"巴"的范围：历史研究上，"巴"是一种文化和民族性的象征。"巴"现在更多的是指古代少数民族——巴族，上古时生活在汉水上游一带，曾在重庆市（江州）建都，世称"巴子国"。巴人入川前，主要以狩猎为生，入川后，逐渐受蜀国稻作农业的影响，农业生产发展很快。周朝建立后，巴王便被册封为诸侯，巴国逐渐成为汉水上游的一个大国。春秋时代，巴国在楚国的逼迫下，不断西迁，先后在重庆地区和四川东部地区建立都城，最后形成"川东巴国，川西蜀国"的局面。《华阳国志·巴志》中，有对巴国的疆域最早的记载："其地东至鱼复（今奉节县一带及湖北省西部地区），西至僰道（今四川宜宾地区及泸州市），北接汉中（今陕西省汉中、安康地区），南极黔（今重庆黔江地区、贵州省东北部及湖南省西北一带）、涪（今涪陵）。"基本上是当今以重庆为核心的大三峡地区以及鄂西、湘西、陕南、黔东南部分地区。辖区跨度大，说明巴蜀文化的"移民"性质在早期就有积淀，对社会文化有深厚的影响。

（2）"蜀"的范围：《华阳国志·蜀志》中记载，蜀地疆域为"其地东接于巴，南接于越，北与秦分，西奄峨蟠。地称天府，原曰华阳"。其中，"峨"指峨眉山，"蟠"指位于甘肃省境内的蟠冢山，蟠冢在蜀地东北，蜀国统治区域更为广泛，曾达到今天的云南、贵州一带，可看出蜀国早期城市的形成和发展，使蜀国有"天府之国"美称。

3.1.2 巴蜀地貌人文特点

地理风貌上，巴地多山而蜀地多江河，故多以"巴山蜀水"形容古代巴蜀地区的地貌特点。

从整个中华版图上看，它处于我国两大古文明区域——黄河与长江流域文明的西侧。北接米仓山、大巴山，属秦巴山地的南翼，是黄河流域与长江流域的主要分界线，同时也是南北方的重要分界线。西有青藏高原与横断山脉，南临云贵高原，东侧有巫山等。天然的阻隔与地势平坦、面积辽阔盆地共同形成一个相对独立的地理单元，有利于早期文化的形成和发展。段渝先生指出："正是这种地理上的向心结构，加上盆地优越的自然条件，使得盆地容易吸引周围边缘山地经营高地农业的群体向低地发展定居，吸引各种古文化沿着下趋的河谷和山间谷地所形成的向心状地理结构走向盆地底部平原，从而为古文化的交流融合提供自然基础。"

巴蜀境内的四川盆地大部分地区海拔在1000米以下，地貌以丘陵和低山为主，并有一定面积的平原；水系结构多为树枝状，由盆地边缘山地辐射盆地底部，最后汇入长江，河流有灌溉、航运之利；地带性的植被为湿性亚热带常绿阔叶林；自然土壤多紫色土和黄壤，为四川省最大的水稻土分布区。人口以汉族为主体，密度大，耕地集中。巴蜀的地理空间沿着西东方向递降，海拔高度上属于第二级阶梯，分别分布着川西高原、盆西平原、盆中丘陵以及盆东峡谷。"长江从四川东部经过三峡，连接了江汉平原；而发源于贵州东部的源江，则经过湘西沟通了肥沃的洞庭湖平原。这就使石器时代西部高原的畜牧或半农半牧的民族与平原的农耕民族联系起来。这两种不同传统的文化的汇合，就更加丰富了本地区史前文化的内容。"长江北岸的主要河流至西而东有岷江、沱江、嘉陵江及其支流涪江、渠江、大宁河等，南岸则有长宁河、永宁河、赤水河以及乌江等。东西走向的河流加强了巴蜀文化、夜郎文化与楚文化的共融，使得巴蜀文化具有强烈的楚文化的特征。"就文化类型而言，巴蜀与楚成为一个系统，而自有特征"。

3.1.3 "巴蜀"与"四川"

从以上论述可知，"巴蜀"是一个由多重含义的词。其一，它是族名，它是居住在一定空间区域的巴族人与蜀族人的通称；其二，它是一种空间领域概念，它表明巴族人与蜀族人占领的空间范围；其三，它又是一个文化概念，然而无论是居住的主体、文化的生存空间还是文化本身的内涵，历史时期的"巴蜀文化"经过了多次的巨大变化;而且对于不同的研究者，又有着不同时期的所指。比如许多考古学研究仅将"巴蜀文化"定义在秦灭巴蜀前的古巴蜀文化，而秦灭巴蜀后，"巴蜀"作为地理概念和文化认同区保留下来。

"四川"之名，最先出现在1001年宋真宗咸平四年，当时设有益、梓、利、夔四州，治所分别为今天的成都、三台、汉中和奉节，这四路被称为川陕四路，因而简称"四川"。宋以前，四川盆地内部广泛地分布着獠、僚、賨等少数民族。随着汉族地区经济文化的发展和民族融合的进程，四川境内少数民族居住区逐渐向盆地边缘山区后退，到了明清时期，盆地边缘的西南山地和西北高原主要分布着彝、苗、土家、藏等少数民族，盆地的平原地带逐渐被汉人移民占据。

中国大规模人口迁徙始于宋代，盛于明清，而宋以后巴蜀的行政区划已被"四川"代替，因此大多数史学家谈移民，多称

"四川"，而非"巴蜀"。明清时，只有"湖广填四川"，而少有"湖广填巴蜀"之说，当然，"湖广"作为明清行政省时，相对应的只有"四川省"，而无"巴蜀省"。但另一个问题是，今天四川的行政区域已大不同于明、清时辖区，特别重庆作为直辖市单立后，"四川"已远不能代表明清时的移民区域，更无法包括湘鄂西、黔东、陕南这些移民重要区域。而巴国、蜀国被秦灭后，"巴蜀"一直作为地理概念和文化认同区保留下来，这一区域地理地貌、文化背景、民族特色都有着极大的共性。特别是从明清移民的真实范围划分，"巴蜀"的文化认同区更能代表当时的范围、规模和发展状况。

因此，本书在论及移民范围内的会馆建筑以及相关历史事件时，多以"巴蜀"而论，只有在约定俗成的历史用语，如"湖广填四川"时，用"四川"代替"巴蜀"，但此"四川"也是指古代四川范围，而非现今四川省范围。

3.2 巴蜀移民历程

历史上向巴蜀移民历程可以分为三个阶段，一是元代以前移民，二是元、明代移民，三是清

代移民。对巴蜀地区影响最大的是第二、第三阶段，史学家称为"湖广填四川"大移民。

3.2.1 元代以前移民
——从北向南移民

元代以前，中国人口重心一直在黄河流域。南方经济在汉代以后虽然有所发展，巴蜀地区自然增长率也有所提高，但政权中心始终在长江以北，经历了东汉末年，魏晋时期、安史之乱和两宋之际的几次人口南移的高潮，使得中国人口重心逐渐南移。从北方进入巴蜀地区，主要是由陕南走古蜀道，"从西晋末年移民徙出徙入地区可以看出陕甘两省的移民不是沿汉水潜入长江中游，就是向西南走金牛道（从勉县西南行，越七盘岭经朝天驿趋剑门的大道）迁入四川，这可以从汉江沿岸的汉中市、襄阳市成为移民的两个集合地以及剑门关一带多为陕甘移民居住得到证明" [1]。经由蜀道的自北向南的人口迁移使得蜀南和四川人口增加，人口密度提高，从而有力地促进了全国人口重心的南移，使南北方人口分布日趋合理，改变了人口地理面貌。但如果没有蜀道，川陕间的人口迁移将是非常困难的，其人口迁移的频率、数量及其影响也将会逊色得多。

人口南移大大地促进了陕南和四川地区经济文化的发展。

第一，人口南移的结果，使巴蜀地区劳动人口大大增加。古代社会由于生产力水平低下，科学知识贫乏，生产技术落后，经济的发展主要依靠劳动力的增加，人口多寡常常是衡量社会经济发展的一个重要标志。经由蜀道而来的人口大多数是精壮劳动力。他们的到来对开发蜀地发挥了重要作用。

第二，关中是周秦汉唐的京畿之地，向来经济发达，技术先进，文化繁荣。关中人口的南迁带去先进的生产技术、科学文化，必然会大大地促进这一地区经济文化的发展和交流。正是这个意义上，研究四川人口史的专家指出"两千多年来，四川都是北面陕西甘肃地区，东面湖北湖南地区移民的广阔场所，四川历史上每一次经济文化的高潮都离不开外省移民的推动"。

第三，人口迁移在一定时期能够缓解社会矛盾和阶级矛盾。每逢天灾战乱，关中人口往往就食于蜀汉，避乱四川。这些通过蜀道的人口迁移便对关中地区尖锐激烈的阶级矛盾、社会矛盾起到减压作用，使其得以缓解。

---

[1] 李虎. 蜀道与人口迁移[J]. 文博, 1995 (02)

3.2.2 元、明时期的移民
——从东向西移民

历史上，中央王朝并未直接控制四川境内的少数民族，通常是维持羁縻关系。元明两代在少数民族地区实行土司制度，设立宣慰使、宣抚使、安抚使、土知府、土知州、土知县等官职，通过各族首领来统治各族人民。为了镇压少数民族的反抗，又在盆地边缘建立卫所，修筑城堡，派驻军队。这些城堡只作为军事据点，一般并不具备经济职能。明清时期盆地边缘少数民族地区的社会经济水平仍十分落后，许多地方仍属刀耕火种的原始农业或畜牧业经济，商品经济大多处于物物交换的原始形态。而少数民族与汉族之间的民族贸易，以向中央王朝呈献贡赋和领取回赐为主要形式，严格限于官方的茶马贸易。"虽然明代雅安和打箭炉已是民族贸易场所，但由于民间私人之间的民族贸易被严格禁止，少数秘密进行的民间贸易活动不可能使少数民族地区城镇经济得到真正的发展。"[1]

明朝往西南地区大移民约起于明朝洪武二年（1369），主要是"江西填湖广"，随后演变成"湖广填四川"。经宋金、宋元、元明之际的战乱，两湖平原早已是人口稀少、土地荒芜。而江西却经过宋元时期的发展，成为中国第一人口大省。与此同时，湖广的面积却是江西的2.5倍，而湖广地区在宋、元、明、清时期水利河道疏通，特别是汉水、长江河道的疏通，为湖广移民准备了必然条件。而水利疏通，使泛滥的洪水得到控制，过去的洪泛区成为大片耕地。人口与土地的这种关系，成为"江西填湖广"的重要原因。随着明朝统一战争的进行及明初移民政策的推行，出现了明代江西人口大量流入湖广的所谓"江西填湖广"现象，并直接引发了"湖广填四川"。与此同时，大量的江西人口也经由湖广流向河南、四川、云南、贵州。明代的"湖广填四川"，在很大程度上又是"江西填四川"。至少312万的江西人口在往湖广流动的同时，又与湖广人口一道，流向四川、流向云贵。而明朝的屯边政策，直接导致了不少20万军队移民西南，而其家属随军导致了人口移民远超过这个数字，如此庞大的

---

[1] 林成西.移民与清代四川民族区域经济[J].西南民族大学学报（人文社科版），2006（11）

数字,让更多的人需要找自己的祖籍。而明朝的移民一直到明朝灭亡仍未结束,只是后期稍有减少。

明代移民的动因主要是经济利益的驱使,无论是属于统治者的政治的"招抚安乡"入川安居以及政府强制性的"移民就宽乡",还是家族自发的逃避繁重的赋税和灾害,迁徙异地开荒置业以及经商、仕宦的迁徙,都带有明显追求经济利益的色彩。作为这类移民的主体——农民来说,迁徙是为了寻求劳动力与生产资源(土地)的更好的配置,故经济利益的逼迫是多数移民的基本动因。

3.2.3 清代的移民——从东向西为主,从北向南为辅的大移民

清朝的移民分为两个阶段:前阶段始于清康熙十年(1671),至乾隆四十一年(1776)为止,前后共历时105年之久,这阶段是明末移民的延续,移民以"生活移民"为主。第二阶段始于清末道光,延续至民国初年,移民以"商业移民"为主,而这一阶段也是巴蜀会馆出现的高峰期。据推算,在一个世纪内,川东地区接纳的移民约为95万人,川中地区接纳的移民约为215万人,川南地区接纳的移民约为312万人;四川合计接纳移民共达623万人,占是年四川总人口的62%。据清末《成都通览》对当时成都人口构成所作的统计:"现今之成都人,原籍皆外省人":其中,湖广占25%,河南、山东占5%,陕西占10%,云南、贵州占15%,江西占15%,安徽占5%,江苏、浙江占10%,广东、广西占10%,福建、山西、甘肃占5%。在同一时期之内,居民省籍来源如此广泛,竞相迁入同一个省区之内的现象,在中国历史上也是十分罕见的。而清朝移民"湖广填四川"的同时,大批移民也前往贵州、云南、湖北、湖南、广西、广东及陕西地区。

清代巴蜀地区经济发展方面的因素,是引发"湖广填四川"移民潮的主要动因。而四川经济的发展,归功于清政府对四川少数民族地区的改土归流。雍正初年,清政府先后在四川建昌、天全等地推行改土归流。在此过程中,平定了大小金川叛乱。"自平定金川以后,百货通行",这在客观上促进了少数民族与汉族之间在政治、经济、文化方面的联系,也为移民进入并开发四川少数民族地区创造了条件。

3.3 明清"湖广填四川"移民解析

所谓"湖广填四川"得名于清代魏源的《湖广水利篇》中谈到的"江西填湖广""湖广填四川"。"湖广"清指湖南、湖北两省地。顾名思义,"湖广填四川"指的是湖南、湖北两省人丁迁居"四川"的移民运动。元朝时期设置湖广行中书省,包括今湖南省全境,湖北、广东、广西的部分地方。康熙年间为湖北、湖南两省,但仍沿用旧习,称湖南、湖北两省为"湖广",称两省总督为湖广总督。历史上的"湖广填四川"实际上有两次,一次发生在元末明初,一次发生在明末清初。

3.3.1 "湖广填四川"移民的背景

3.3.1.1 社会状况

持续战争的破坏:从明崇祯末年到康熙初年,四川地区经历了继宋末元初之后又一次长期动乱,社会经济遭到严重的破坏。康熙二年(1663),清才开始恢复川东重镇重庆的城市建设,康熙四年(1665),原设在保宁

(府治在今四川阆中市)的四川政府机构全部迁往成都,直到此时,清政府才对成都、重庆实施了有效的控制,并为在四川各州、县一级建设政权创造了先决条件。一直到康熙十九年(1680),平定"三藩之乱"之后,四川才结束动荡不安的局势,进入社会相对稳定的时期。

自然灾害的侵蚀:在经受战争迫害的同时,清初的四川又相继发生了大旱、瘟疫、饥荒。这对已经不堪重负的四川来说无疑是雪上加霜,战乱和自然灾害导致的环境恶化还使四川的一些区域出现了严重的虎患,使劫后余生的人又不幸落入虎口。如果说自然灾害是无可避免的,其持续的战争则是四川地区经济凋敝、人口锐减、民不聊生的最根本原因。

3.1.1.2 经济状况

持续的战争和自然灾害无情降临,不仅使身处川地的居民处于水生火热之中,经济凋敝、土地荒芜,饱受长期战乱之苦的四川也是千疮百孔,民不聊生,已经不具备基本的生存环境和居住条件。四川的经济遭到严重的

破坏，耕地大量闲置荒芜，农民或死亡或逃亡，素有沃野千里的"天府之国"，明万历年间有耕地十三万余顷，到清顺治时只剩下一万多顷了。中国作为一个农业大国，在古代政府的主要税收主要来自农业，而耕地则是农业的根本，耕地的荒芜无疑导致农业的衰败，从而导致经济的萧条和衰竭。

从当时人们的生存状况来看，已经到了无经济的状态。此时的清政府最需要考虑的是如何结束这种惨烈的状况，如何使四川的社会稳定，经济恢复。

3.3.2 "湖广填四川"移民的动机

翻阅大量的史料可以明确地感知到，对于清初人口的锐减的缘由人们几乎异口同声的归咎于"张献忠屠蜀"的惨烈后果。而张献忠农民起义的"血洗四川"也成了"湖广填四川"这一历史现象的根本动机。

明末清初的人口锐减若要归结于张献忠的"屠蜀"行动明显有点无稽之谈。纵观历史上的农民起义，没有一次不是带来血腥的后果，战争的动乱固然会带来人丁的减少和逃亡，但从历史的经验来看，像巴蜀地区域因农

民起义而导致如此大规模的人口锐减在历史上没有记录的。事实上，四川的战乱并没有因为张献忠的阵亡而结束。如向庭庚《史咏》中记："摇黄十三家，蹂躏川东北，屠割地之惨，不在张献忠下。"而后又发生了长达6年的"三藩之乱"，而镇压叛乱的清军也因纪律废弛，烧杀抢掠，殃及民间。总之，清初此起彼伏的大规模战争继张献忠农民战争之后又持续了三十余年，连绵不断的战争浩劫使四川人民生灵涂炭，民不聊生。

3.3.2.1 经济因素

四川的常年的战乱和自然灾害的破坏，使得四川人口锐减，土地荒芜。处于"有可耕之田，而无可耕之民"的状态。"沃野千里"的川地土地资源对移民来说无疑是个巨大的吸引力。在非工业发展的历史阶段，土地作为生存和发展的最基本的物质基础，对当时移民的主体——农民来说，是最为渴求的事物。这种移民主体以农民为主，移民后的生活方式仍然以农业为主，这种移民主要发生在清朝前。

在清朝后期，由于资本主义开始在中国大地萌芽，曾经处于"士农工商"行业之末的商人的地位有了很大的提高，在中国曾

出现了徽州商帮、江西帮、江浙帮、山陕帮等，这些商帮的兴起也是中国商业经济发展的印证。随着湖广移民的进行，四川的经济社会已经得到稳定和发展，且开始走向繁荣。且川地得天独厚的自然资源和地理优势，如川盐贸易、米粮贸易的兴起，加之长江便利的水路交通，使得四川在清中期呈现一片欣欣向荣之景。拥有着敏锐的商业嗅觉的商人们当然不会错过四川这片"沃土"，他们也纷纷移民，在四川这片大地上寻求着商机。大量文献记载和现存的大量会馆就是当时繁荣的最好见证。

3.3.2.2　社会因素

在清初移民入川的社会迁移运动中，战乱是人口迁移最为重要的原因。宋末、元末、明末都出现大量的移民即为明证。如"元叶末造，赣省构难，屠杀焚掠过甚，人民迁徙靡常"[1]。而元末、明末两次大的农民起义都转战于长江中上游，更使两湖成为一个重要的移民地区。动乱的影响使得一部分人口死亡，一部分逃离，川地人丁稀少，从而使川地人口容量重新增大，可以满足大量移民的生存需求，由于战

乱而使得四川所具有移民生存条件。除此之外，别的省份的动乱使得其他区域的居民无法满足生存需求，而迫使其他地区的居民移民于此。从这两方面来说，都推动了移民入川运动的进程。

3.3.2.3　政治因素

如果说动乱增加了移民的可能性，清朝政府对川地的政策则无疑为这种可能性赋予了生命。清政府在鼓励移民入川开垦荒地的政策前提下，颁布了一系列与之相关的优惠政策和鼓励措施。

一方面是招还流遗，鼓励移民入川垦荒。欢迎外省移民入川开垦荒地，官方不仅在经济上给予他们援助，拨给牛具、口粮、种子等基本生活和生产资料，而且特别针对四川的具体情况制定了《入籍四川例》，规定"凡流寓情愿垦荒居住者，将地亩永给为业"。与此同时，政府在户籍管理和税收制度上业对移民采取了许多的优惠政策。

另一方面是对招民垦荒有功的官员给予奖励。清朝统治者对四川的重要地位给予了肯定，也派遣了相当一部分有才能有经验的官员前去上任，以期在治理四川地方政务时发挥表率作用。

---

[1]　民国二年《胡氏族谱》卷1·总叙

顺治年间颁布的谕旨规定，把府、州县开垦荒地亩数作为考核各级文武官员政绩和加官晋级的依据。康熙帝专门颁布谕旨称："不管是流落在外的蜀民还是入川垦荒的外省移民，招民三百户即可授官。"[1] 这些奖励措施也调动了四川各地方官员的积极性。当然在实际的实施过程中，不乏急功近利而谎报招民的业绩者。但这种政策的漏洞亦是不可避免的，从整体上来说，并没有影响整个移民的进程。清政府的"双向"优惠政策，无疑是此次移民的强大动力和保障。

3.3.3 "湖广填四川"移民的类别

明末清初的湖广移民大致可以分为两个阶段：第一个阶段大约始于清康熙十年（1671）至乾隆四十一年（1776），共历时105年，这个时期四川的经济开始复苏，社会逐步走向稳定。这个阶段实际上明末移民的延续，移民以"生活移民"为主。第二个阶段始于清末道光，延续至民国初年，这个阶段四川的经济繁荣，由于前一时期移民的作用，人口增加，农业和手工业繁茂，社会经济有了明显的提升，吸引了大量商人来此行商。此时的移民以"商业移民"为主，而这一阶段也是巴蜀会馆出现的高峰期。

3.3.3.1 生活移民

从康熙二年（1663）清政府开始恢复川东重镇重庆的建设以及后来对成都和重庆有了有效的控制。尽管此时，四川仍面临着局部的战争，但通过对重庆、成都的建设，清政府已经开始着手对四川地区的经济和社会进行恢复。清朝政府在汲取明朝灭亡的历史经验教训的基础上，提出了"安民为先""裕民为上""便民为要"的治蜀方针。此时期的四川在经历了常年动乱和自然灾害，人丁稀少，土地无人耕种，清政府也非常清楚"人不聚土不辟，则财用一无所出"的道理。为了改善社会经济状况，增加税收，巩固政权，提出了一些鼓励移民的一系列的惠民政策。不仅在土地和赋税方面给予移民优惠政策，而且从一些根本的问题上解决了移民的后顾之忧，例如土地的所有权、家庭主要成员的户籍、移民子弟的入学考试等方面的实际问题。[2] 有了相应的政策

---

[1] 《世祖章皇帝实录》卷109

[2] 谭红. 巴蜀移民史[M]. 成都：四川出版集团 & 巴蜀书社, 2006

依据和政府行政管理上的保证，为移民的大规模入川创造了条件。

除此之外，许多地区由于自然环境和地理条件的影响和制约，在当地无法保证生计，或者是当地农业赋税严重，或者是突发战争和自然灾害等因素，为了摆脱其恶劣的生存环境，背井离乡来四川寻求生存和发展空间的移民也不计其数。

3.3.3.2 商业移民

伴随着前一阶段移民的进行和开展，从康熙中叶开始，四川社会人口有了大规模的增加，社会经济也有了全面的复苏，农业兴旺，手工业振兴，商业贸易也有了一定的发展。加之四川与生俱来的资源优势，川盐的开发、矿产资源的开采以及各种粮食贸易活动，而便利的水利交通又给向外运输与销售提供了保证。加之当时资本主义的萌芽，商人地位的迅速崛起，商业贸易如雨后春笋，各地商人看清川地的商业优势，纷纷来此谋求发展。

大量的"生活移民"和"商业移民"致使四川农业获得恢复，手工业也长足进步，农村与乡镇的商业经济也随之恢复与获得发展，城镇与场镇也逐渐兴旺。城镇和场镇作为商业的聚集点，发展更是迅速。伴随着商业经济的繁荣，各移民会馆也如雨后春笋般纷纷遍布城镇和场镇之中。

在有关会馆的性质方面，有人提出巴蜀地区会馆由于多为各省商人所建，而与"生活移民"中的主体——农民关系甚微，其实质为商业性，与移民关系不大。在别的区域的会馆多为各省商人所建，虽然每省会馆都供奉乡神，同乡的认同感也存在，但会馆的使用与管理也多为商人，会馆服务的主体是同乡商人本身，使用者的身份比较单一。而巴蜀地区的会馆由于历史缘由，经历了移民运动。尽管移民的主体多为普通民众，会馆的建立和管理多为各省商人，但是在会馆的使用上比起其他地域更具有开放性，会馆多临街建于商业中心区与民居相邻而建，每逢重要节日的唱戏酬神活动，同乡移民者也会参与其中，其同乡情结和认同感更加强烈。明清时期的移民规模之大是历史上比较少见的，这么庞大的团体移入异地，同乡之间的乡梓之情必然深厚，而这种强大的认同感也消除了普通移民者与商人之间的隔阂。这种现象与移民运动本身是不可分割的，所以巴蜀地区会馆应具有两重性，即移民性与商业性，说巴蜀地区各省商人建立的会馆为移民会馆也无可厚非。

❸.4 明清移民迁徙路线

前面章节已经介绍过，四川位于长江流域的上游，是由崇山峻岭所环绕的一个盆地。古时交通不便，道路难以行走。唐代诗仙李白曾作《蜀道难》一诗，言其"蜀道难，难于上青天"，其艰难程度可想而知。那么"湖广填四川"的移民者又是怎样进入川地，从而在这片土地上繁衍生息的呢？

为弄清这个问题，我们应该先弄清移民者的归属地问题。前面已经介绍，"湖广"是只是一个习称，入川的移民除来自湖南、湖北之外，还有江西、广西、广东、福建和陕西和山西的移民。

移民路线问题其实也应该是移民的来源问题，不同地区的移民入川选择的路径是不一样的。从迁徙的路线形式来说，主要有水利和陆路两种，从迁徙的区域来说可分为长江中下游地区、陕甘地区以及入川后省内局部的迁移等，下面就这三个区域移民以及其所选择的迁徙方式和路线来进行阐述（图3.1）。

3.4.1 长江中下游移民的迁徙路线

来自于长江中下游的移民，主要包括湖南、湖北、江西和广

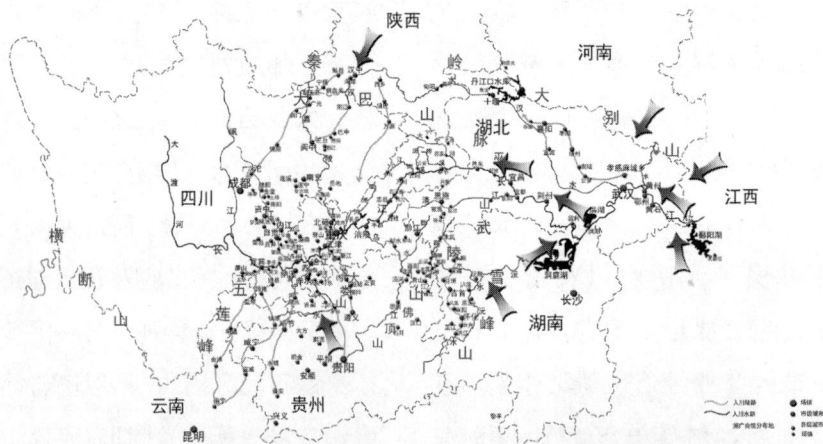

图3.1 "湖广填四川"移民线路图

东、广西、福建的部分区域。这些省份的移民主要是聚集到湖北、湖南地区，再通过各种路径进入川地。来至江西的移民，主要是从鄱阳湖地区的瓦屑坝往西进入湖北境内；而河南、安徽等地的移民则是沿黄黄官道翻越大别山，再南下沿举河水路进入湖北麻城、黄州，安徽东部移民也可顺长江，过九江进入湖北黄州地区；河南移民也可顺汉水，过襄阳进入湖北，再入四川；广东、广西福建的移民大都先抵达湖南，再进入四川。换言之，湖北、湖南就成为长江中下游入川的中转站。

3.4.1.1 川鄂线

湖北出发进入四川，最直接、便捷的路线应该是走长江三峡水路，乘船逆流而上，经三峡天险进入川东门户夔州，再向西深入四川各地。但是水路历时较长，途中多急流险滩，在途中花费较多，而且水路并不是处处通达，一般老百姓没条件选择水路的，也会就近选用陆路。

（1）长江线

沿水路多由孝感麻城乡出发，沿长江溯流而上，途经荆州、宜昌，穿长江三峡，至奉节、云阳，进入川东门户重庆，再由重庆往西进如四川其他区域。对于经济条件允许，时间充裕的移民者来说，沿水路入川不失为一个不错的选择，沿路的峡江风光已被许多古代诗人所赞誉。但是由于是逆流而上，且途中多激流险滩，一些地段需借助纤夫之力方能通行，需要花费的时间较多，危险系数也比较大。这条通道上也吸引着许多移民驻足定居于此。如新滩、云安、西沱、龙兴、重庆等都有许多移民在此定居。这些古镇中大多建有会馆，有的保存至今。另一条水路即向北走汉江水路进入鄂北地区，在往北进入陕南地段后，和陕甘移民一同，翻越大巴山进入川北地区。

（2）陆路

对于选择陆路的移民者来说，不畏艰险与困苦是必备的精神。大多需要翻山越岭，历经跋涉，因为抵达四川的道路是毫无坦途可言的。从湖北出发入川的陆路通道主要有两条：一是从孝感麻城乡出发，沿江汉平原，途径云梦、安陆、随州、枣阳、襄阳，即著名的"随枣走廊"，进入十堰随之进入陕南区域，翻越大巴山走金牛道、米仓道和荔枝道进入川北区域。通过这条道路进入四川的移民就成为陕甘移民的一个分支。这条通道上的谷城、黄龙、荆紫关、蜀河等地至今还保留有移民所建的大量会馆。二是沿唐宋时从巫山通往湖北恩施的南岭山道，从长江南岸湖北的恩施经建始、蒲潭塘、大石岭、南岭山一百零八盘达四川巫山、夔州各地。

3.4.1.2 川湘线

从湖南出发的移民大多从湘西进入四川，通往四川的道路主要分布在湘西武陵山脉区域，境内千山万壑，群峰壁立。湖南的湘、资、沅、澧四大水系，除了湘江，其他三水皆流经湘西。因此，进入川地基本上是靠水路，陆地交通的设施成规模的兴建，最早是在元朝，朝廷因经营滇、黔、川，需取道于鄂、湘境，才开始正式整修湘黔驿道。

（1）水路

走水路从湖南进入四川主要是通过沅水和酉水这两条水系来完成的。沅水线：移民于洞庭湖沿沅水流域，经湘西泸溪、吉首抵达四川境内，过秀山，沿乌江抵彭水、涪陵、重庆而西进。这条路线当然有异于长江水路，长江水路可直接抵达重庆，无需陆路交通的辅助。沅水线从泸溪到吉首再达秀山这条线路则需要进行徒步行走，因而算是水路和陆路交通相结合的一条路线。酉水线：这条线路和沅水线有一定的重合，先沿沅水抵达沅陵，再沿酉水而上，抵达川东的酉阳、秀山、黔江、彭水区域，即俗称的"酉秀黔彭"。这两条通道由于都经过"酉秀黔彭"这个区域，且这里成为抵达四川的第一站，因此这个地带移民较多，建造的会馆也比较多，如龙潭古镇、后溪等。

（2）陆路

由于川湘地区陆路交通不十分发达，开发的时间也比较晚，因此没有形成像川陕蜀道那样壮阔的场面，水路交通的便利也在一方面制约了陆路交通的发展。从湖南至四川的陆路主要从洪江出发，走吉首、永顺、来凤、恩施线路，再由恩施往西进入川东区域，这条线路呈纵向分布。这条通道上的凤凰、晓关县至今仍保留有完整的会馆建筑。

3.4.1.3 川黔线

黔北河流众多，主要有永宁河、赤水、綦江和乌江，而这四条河流都是由南至北最后汇入长江。密布的河流自然成了贵州进入四川的天然孔道，从贵州迁往四川的移民也主要是通过这四条水路进入四川。

（1）永宁道：从贵州东南部出发的移民主要是通过永宁河进入四川的泸州。通过永宁河进入四川主要是从叙永出发，沿永宁河而下到达纳溪再进入泸州。而抵达叙永，主要是通过陆路，从普安、水城、毕节到达叙永。这条由普安至纳溪的通道即称为永宁道。纳溪至叙永的这段水路河流狭窄。据明朝杨升庵《咏永宁河》诗云："永宁三百六十滩，顺流劈箭上流难。"

（2）合茅道：这条水路主要是从贵州茅台出发，顺赤水河，经兴隆滩、二郎滩、猿猴、赤水县最后抵达四川合江。茅台镇既是移民入川水路的起点也是陆路的终点。从贵阳方向来的移民在抵达茅台之前都是通过陆路。赤水沿岸的移民分布比较密集，二郎、太平、丙安、福宝、尧坝等古镇至今还保留完整的会馆建筑。

（3）綦江线：这条线路是由贵州松坎抵达四川江津的水路县。主要由松坎出发，沿綦江顺流而下，途经綦江县最后进入江津，水运长达70公里。

（4）乌江线：这条线路是从思南沿乌江水路进入四川涪陵的线路，主要由思南出发沿赤水经过沿河、龚滩、彭水再进入涪陵。乌江既是交通要道，亦是一条军事河流，历来被称为天险。汉代、三国、太平天国的英雄豪杰，都在江边演绎过金戈铁马的故事。《华阳国志》中已有记载："涪陵郡，巴之南郡。从帜南入，溯舟涪水，本与楚商于之地接，秦将司马错由之取商于地为黔中郡。"乌江沿岸有许多古镇至今还保留了部分会馆建筑，如龚滩、龙潭。

3.4.2　陕甘移民的迁徙路线

从陕西、甘肃以及途经陕南的移民要进入四川，就要逾越秦岭巴山这两道川陕间的天然屏障。早在商周以前，秦岭山间就已出现沟通南北的古代道路，这些古栈道即被称为蜀道。而"湖广填四川"移民运动中的陕甘移民和一部分途经陕西的移民就是通过这些古栈道抵达四川，从此在这里繁衍生息的。

根据先前的调查和研究，穿越秦岭的通道主要有六条，分别是：陈仓道、褒斜道、傥骆道、子午道、库谷道和武关道。而穿越巴山的通道主要有三条，分别是：金牛道、米仓道和荔枝道。

陈仓道古称周道，因北端由陈仓县（今宝鸡市）出口而得名。又因路径秦岭嶓梁上的要隘大散关，亦称散关道，因利用嘉陵江水路，也成为嘉陵道。陈仓道开辟于先秦时期，秦末汉初已成为沟通关中与巴蜀的重要路线之一，此道大约在殷商之际已经开发利用，刘项相争时刘邦"明修栈道，暗度陈仓"即由此道北伐关中。唐代陈仓道正式辟为驿道，成为长安通往巴蜀的主要驿道。晋之灭蜀，金、元之攻南宋都使用过此道。它北起今天的宝鸡市渭滨区，往西南方向出关中四大名关之一的大散关，沿嘉陵江上源故道水的河谷而下至凤县，然后转向东南过酒奠梁、柴关岭到张良庙后入褒谷，出谷即至汉中盆地。路线与今天的316国道完全吻合，而且南端与褒斜道重合，全长595公里。

褒斜道是循褒水河谷进入斜水，经眉县东行至长安，故名褒斜道。此道历史最为悠远，《读史方舆纪要》称："褒斜之道，夏禹发之。"周朝以后道路不断改善，秦、汉、魏、晋，皆把此道作为关中至汉中再南到四川的主要道路。此道峡谷险段较多，悬崖峭壁上多以栈道相连。褒斜道近捷便利，为蜀道之始，使用时间最早、最长。对秦岭南北两侧的文化、贸易交流作用最为显著。

傥骆道，又称党骆道，骆谷道，是穿越秦岭，连通关中与汉中最短也最险峻的一条道路。其北口位于周至县西的骆峪，驿道往南过老君岭，沿黑河及其支流至厚畛子镇，过秦岭分水岭后傍汉江支流湑水河，再往西南翻越太白、周至、洋县三县交界的兴隆岭，进入酉水河上游的华阳镇，再往东南沿酉水河至汉中盆地的洋县，南口位于汉中洋县的傥水河口。傥骆道三次翻秦岭及其支脉，全长约200公里，今西安—汉中航线就是沿傥骆道飞行的。

子午道是发现和使用较早的道路之一，其开辟和使用至少始于秦代。由汉中或安康北去长安，须经宁陕县境旬阳坝、江口，循池水谷北行，全长千里以上，其中山间古道占440公里。它不仅是陕南通往山外的要道，也是连接川东与长安的捷径。

库谷道是由安康经旬阳，循阳河，乾佑河（古称柞水）河谷而北越秦岭由库谷通往长安。

武关道是由商洛经丹江谷西北行，转灞水河谷通往长安；由商洛循丹江河谷东南行，可通往河南南阳和湖北襄阳。今荆紫关附近的武关为通往东南部的重要关隘。

除了北部穿越秦岭的六条通道连接着陕南与中原广大地区的联系之外，在南部，还有无数交通孔道连接着江南湖广与陕南川渝的联系。

上述的几条道路主要是由长安翻越秦岭至汉口的主要线路。从陕南进入川地则需要翻越大巴山，主要通过金牛道、米仓道和荔枝道三条线路来完成。

金牛道是由勉县西南行，通至四川剑阁县剑门关的通道，也是自汉中至成都的必由之路。早在战国时期，就被作为重要的军事通道。剑门关、棋盘关、五丁关和阳平关由南而北扼制着这条通道。剑门关以南再经过绵阳、广汉即可到达成都。此道川北广元到陕南宁强一段十分险峻。诗人李白感叹的"蜀道难，难于上青天"，就是指的这一段。

米仓道是经过汉中西南米仓山的通道，此道由汉中南行，经四川巴中西行，可通至阆中，再西通往成都，是古人利用濂水与南江古道上源两相接近的有利地形条件开辟而成的。

荔枝道是陕南由西乡通往川东涪陵、重庆的孔道。也是开辟较早的一条通道。此道盖因快马传递荔枝而得名荔枝道。

从川北而来的移民主要来源陕西、山西，同时包括部分途经陕西的移民。这部分移民亦分陆路和水路两路进入四川。陆路主要是经川陕驿道，从陕西汉中出发，途径七盘关、朝天关、剑门达四川的阆中地区，再由此进入四川各个区域。而走水路的移民则多沿嘉陵江南下，进入川北区域，在通往其他区域。

3.4.3 入川后的再迁移

移民入川后，不可能只停留在几条主要通道所涉及的州县范围内，而必然会因为经济、生活等多种原因进行再迁移，移民通道上的州县也不能容纳这么大数量的移民，因此势必会引起省内的再迁移。这种省内的再次迁移是入川移民人口在四川的再次分布，使得移民从小范围逐渐扩大到大区域、区域均衡的一个过程，对四川人口区域性均匀分布起到了一定的积极作用。

这种再次迁移的形式是十分丰富的，学者谭红将其分为："南北迁移、东西迁移、往复迁移、腹心地迁移等"。[1]迁移的形式据不同的区域而不同。尽管迁移形式多样，但主要以东西迁移为主。这主要是因为绝大多数移民来源于长江中下游，选择水路和陆路入川的第一站就是重

---

[1] 谭红. 巴蜀移民史 [M]. 成都：四川出版集团 & 巴蜀书社, 2006

庆。有一部分移民选择落居于此，有一部分移民则继续西行，进入四川其他地区。

（1）东西向的横向迁移

移民入川以后多数发生了再迁移的情况，从主要的再迁移途径来看，多数是从移民入川第一站的重庆或者重庆附近的州县向川西地区迁移。

短途东西向迁移，如从巴县向江津的再次迁移。嘉庆年代居江津（今重庆江津）的孙荣毓"先世江西太和人，后迁蜀，致祖名超者始由巴县钱江津之思善里，随家焉"。[1] 再迁江津后"世居五岔，代有显者"的程氏，"其先河南人……[居]楚之麻城孝感乡。……初寓巴县之双溪蛮洞口，后迁江津"。[2]

长途东西向迁移也非常多。大邑位于川西平原西部，内江位于川中部，距离约计近千里。"陶琪华，系本内江，以避流寇，卜居大邑四世诶。"[3] 合州位于重庆嘉陵江附近，金堂位于川西平原腹心地成都附近。《金堂县乡土志》记载"曾懋，字用

修，先世庐陵（今江西吉安）人，父学志始迁于蜀，居合州，次居金堂……"[4] 其再迁移距离至少在1000里路以上。

由此可见，迁移入川进入重庆移民第一站后，在此迁移的情况多有发生，而且，东西向的迁移在全部的再迁移中占有非常重要的地位。这一点可以从四川东部的移民入川路径是整个清代移民入川的最重要的通道上获得解释。

（2）南北向的纵向迁移

移民入川再迁移形式虽然以东西向为主要形式，南北向迁移的也不在少数。

北南迁移。短途由北向南迁移，如由重庆北面的合州迁入重庆南面的江津。原籍湖南长沙府湘乡人谭氏，名世定，号德全，"曾大父乾康由楚迁蜀合，生子昆斯，昆斯子三，长正伦，次正礼，三正仁，正仁继迁邑之思里，家焉"。[5]

南北迁移。短途由南向北迁移的在地方志中也多有记载。四川中部阆中世家如"张鹏翮，字

［1］嘉庆《江津县志》卷21《艺文志》第18页

［2］道光《重庆府志》《舆地志》卷1《氏族》

［3］乾隆《大邑县志》卷3《善行》第30页

［4］《金堂县乡土志》(清末抄本)卷2《耆旧录》

［5］嘉庆《江津县志》卷22《艺文志》第146页

运青，遂宁人，……少时避寇转徙至阆"。[1] 此外，还有长距离自南向北迁移的例证。泸州位于川南，是贵州入川的第一大洲，而松潘远在四川北面几乎与甘肃直接相连。居潘松的汤铭清"先世陕西咸宁县人，清初入蜀，居泸州，[后]迁漳腊"。[2] 这是四川境内的南北大迁移，距离估计约为两千里路左右。

由此可见，移民入川之后，都有因各种原因引起的人口的再次分布，表现出了人口南北向迁移的情况，虽然这种形式的数量不及东西向迁移人口数量之多。

（3）往复迁移

往复迁移主要是指经历过两次或两次以上迁移的行为，重点不针对其流向性，而在于迁徙的往复过程性和再迁移的形式多样化，同时也表明清代入川移民在选择居住地上的不同的考虑与结果。关于这方面的记载也有很多，如《南川县志·王母陈太孺人传》载录："太孺人姓陈氏，原籍江西泰和人，……父长欢公贸易来南，后迁北川营山县，嘉庆三年教匪滋事，太孺人年八岁

父避贼于蓬溪等处。"[3] 这是由南迁移至北再向西迁移的记载。四川犍为"邱氏，名正礼，字东山，粤之龙川人也，……先世以明末乱迁楚醴陵，先生昆种诞焉，五逆平，父迁蜀，始居隆昌，继徙犍为下渡二里"[4]。

这种转徙的情况在四川持续了有清一代，其原因有多重，迁徙的路线也有长有短。

（4）腹心地迁移

腹地迁移主要是指在四川的腹心地带的一种短途迁移。重点不在探求迁移的方向和距离，而是试图通过分析，说明四川腹地地区的自然资源和交通便利这样一些因素对人口再迁移的影响。

以成都府为中心的腹地再迁移是平常之事，而腹地本身也是再行迁移的落脚点，这表明川西平原自然资源富庶的吸引力。成都附近的温江、双流、华阳是成都平原最富裕的地方，即"天府之国"之腹心地所在。远居住华阳的："曾洪锡，字瑞三，其先广东长乐人，曾祖璠入蜀，卜居华阳，……居家以礼，男女六十余口，闺门内外肃然。后因齿

---

[1] 咸丰《阆中县志》卷《流寓》第49页
[2] 民国《松潘县志》卷6《行谊》
[3] 道光《南川县志》卷11《文选》第78页
[4] 民国《犍为县志》《人物》下，第38页

59

蕃，绌于生计，始异居，洪锡橐笔授徒温江，遂家焉"。[1] 由于再迁移后居住地距离太近，原居住地的《金堂县志》也同样记载了曾鹤溪之父辈再迁移的事实，《曾鹤溪先生墓志铭》载有：曾懋，字用修，乾隆三十六举人，祖籍福建南靖，"雍正四年，先父讳学志，母赖氏，始迁于蜀，居合州，次金堂，最后居今之汉州"。[2] 关于这方面迁移的记载还有很多，这里就不一一列举。

四川青神、绵竹、灌县也均系川西平原腹心之地，距离腹地中心成都的距离稍微远一点。《灌县志·诰封朝仪大夫彭君墓志铭》载：彭君原湖广麻城人，迁移入蜀，始寄居青神，后再迁灌。《灌县志·汪公清奇墓志铭》载：汪公原籍江南徽州府，初时由吴迁楚，再由楚迁蜀，后来再由灌县迁居至雅安县。

3.5 巴蜀会馆的出现及其分布

移民者入川之后的"垦荒之旅"并没有想象中的那么顺利，其艰辛苦楚从许多文字记载中都有反映。面临战后凋敝的生存环境，面对土客之间的人际矛盾，移民者如何在客乡立足，便成为一个严峻而现实的问题。

3.5.1 巴蜀会馆的出现

会馆的出现和兴起的原因大致可分为两个方面，其一是移民者面对川地惨烈的生存状况而产生的一种心理需求。其二是在经历生活移民和商业移民之后，商业经济发展的促进作用。

3.5.1.1 移民者的生存状态和心理需求

移民入川之后，面临的困难或许是移民者在移民之前无法预料的。首先是生存环境的改变所带来的适应性的困难。四川经过战乱，土地荒芜，很多土地废置，需要重新开垦改造，移民者在此扮演了"拓荒者"的身份，这就是面临的第一个问题。其次是经济上的困难。移民入川，有的只是独家独户的行动，因此免

---

［1］ 《温江县乡土志》卷4《耆旧录》

［2］ 嘉庆《金堂县志》卷5《选举》第47页

不了面临无亲无助之难，若遇到苦难，通常也是举目无亲，无人帮衬的状态。此时，同乡之情在此时就代替了亲情，为身处异乡困难的移民者足够的慰藉。再次，土客之间不可避免的矛盾也是移民者生存中不能忽视的问题。作为土著的四川人，对于这样大规模的移民进入川地，心中的本位思想难免油然而生，对移民者抱有一种异己的态度，这就导致了土客之间的摩擦。除此之外，背井离乡的移民者在面临困难，孤独寂寞之时不免顿生思乡之情，这是每个远离故土的游子不可避免的一种情愫。

面对以上种种的苦楚，移民者们很需要一种组织来建立一种信仰，建立一种精神寄托。于是会馆这种以同乡为纽带的组织孕育而生。"迎麻麻，联嘉会、襄义举、笃乡情"囊括了会馆的主要功能。会馆的建立无疑给客居异乡的移民者以生活上的帮助和精神上的慰藉。会馆这种组织，为移民的故土文化创造了一个保存环境，而定期的集会又使"本源"的观念得到重复性的提醒，因而使得本地区的集体记忆得以维持延续。[1]

3.5.1.2 商业经济发展的促进作用

会馆的出现除了上述原因之外，清中期巴蜀地区商业经济的发展和兴盛对其也有一定的促进作用。从大量的记载可知，会馆多为"同乡共里"之人共同集资建立。通常来说，这类组织多由热心公益的官员、士绅或商人倡导。就巴蜀地区而言，会馆多由各省商人集资修建。商业移民所带来的经济利益也促使了会馆的诞生，平头百姓若要修建规模宏大的会馆建筑显然不太现实，而富足的商人却有了这种可能。远离家乡的移民商人和普通移民者在精神上有同样地需求，他们希望将故土的文化"移植"于他乡，以解思乡之苦，以抒游子之情。这种以"乡梓之情"为基础的组织便孕育而生。学者谭红在《巴蜀移民史》中提到："四川地方志对会馆开始加以记录，大都始于嘉庆时期。恐怕正是因为此前四川的移民社会尚在形成过程中，人数较少，资金不裕，会馆还未成为一地的标志性景观（或根本就没有设立），而到了嘉庆时期，移民来川已历百年，

---

[1] 谭红.巴蜀移民史[M].成都：四川出版集团 & 巴蜀书社,2006

生活渐渐安定，社会已经成形，且形成相互竞争的局面，乃成为一地不可忽视的社会组织，而进入地方志编纂者的视野。"

3.5.2 巴蜀会馆的分布

据刘致平在《中国建筑类型与结构》中记载，"四川在清初曾大量移民入川，北城南城会馆达百余……"在《广汉县志》中载："康熙年，朝廷强制外省移民入川定居。乾嘉年间，汉州境内兴修同乡会馆共36所……"诸如此类的记载，在四川各县县志上皆有，民间一般都有"九宫八庙"之称。由此可见，自明以来"会馆"曾遍及整个巴蜀大地，可谓"城城必有，且每县（镇）不止一座，以湖广会馆（禹王宫），广东会馆（南华宫）居多。"

3.5.2.1 全川会馆的主要分布情况

会馆的分布主要受到移民活动和商业发展两方面影响，其主要分布呈以下态势。

（1）川西以成都平原为中心的成都平原地区。康熙四年（1665）四川政府移至成都，成为川地的政治中心，必定会吸引很多移民来此开垦从商。会馆分布比较多的主要有成都府、什邡、金堂、郫县、新津等。据蓝勇学者统计，成都府就有会馆182座，如表3.1所示。成都以东的东山场镇洛带古镇就是广东客家的移民地。古镇上至今仍保留有广东会馆、江西会馆和湖广会馆。

（2）川东以重庆为中心长江水系区。来至长江中下游的湖广移民沿长江水路入川的必经之路就是重庆，是长江上最主要的交通枢纽。且重庆是川地的物资利用长江水域运往中下游的必经之处，其商业繁茂。当时重庆的商业中心下半城曾经有八省会馆的盛况，重庆府所管辖的县镇的会馆也是极其兴盛的，如黔江、酉阳、涪陵、云阳等县以及龙兴古镇、偏岩古镇、鱼嘴古镇、西沱、大昌等镇都曾是会馆云集。

（3）川南以犍为、自贡、宜宾为中心的区域。川南的犍为、自贡和宜宾由于天然资源优势，物产丰富、商业繁荣。从清朝中叶以来，自贡成为重要的产盐基地，这个因盐设市的城市也因此被称为"盐城"。井盐的开发与生产促进了自贡的经济发展。会馆也纷纷在此建立，如西秦会馆、桓侯宫、王爷庙等都是会馆兴盛的代表作。犍为为重要的农

表3.1 清代四川移民会馆分布统计表（成都平原区）

分区	厅州县	湖广会馆	广东会馆	江西会馆	福建会馆	陕西会馆	贵州会馆	云南会馆	江南会馆	河南会馆	山西会馆	广西会馆	燕鲁会馆	资料出处	川主宫
成都平原区	成都	4	24	3	1	3	14		5	2	1	1	1	《成都通览》43页	
	温江	1	1	5	1						1			民国《温江县志》卷3	2
	新都	4	1	2	1	2	2							民国《新都县志三编》	3
	汉州		1	1	1	1								嘉庆《汉州志》卷17	
	名山	4	1	6		1								民国《名山县续志》卷14	7
	蒲江	1												光绪《蒲江县志》卷1	
	新繁	1	1	1	1	1								民国《新繁县志》卷4	1
	邛崃	1	1	1	1	1								民国《邛崃县志》卷3	1
	德阳	1	1	1	1	1								道光《德阳县新志》卷3	1
	崇宁	2	2	3	2									民国《崇宁县志》卷2	1
	灌县	12	3	12	4	9	1							民国《灌县志》卷2	8
	金堂	2	1	1	1	1								民国《金堂县续志》卷2	1
	大邑	6	1	6	1	2	1							民国《大邑县志》卷5	14
	新津	3	1	2										道光《新津县志》卷1	1
	什邡	5	6	5	3	4								民国《重修什邡县志》卷下	
合计	182	47	24	49	18	25	7	1	5	2	2	1	1		

业大县，物产丰富。宜宾，古称叙府，为清代南丝绸之路重镇，古时商品交流异常丰富，以至民间有"搬不完的昭通，填不满的叙府"之说，山货、药材交易更是长盛不衰。除此之外，沱江和岷江便利的水运交通又给商业的延续和兴盛提供了可能性。得天独厚的地理优势和良好的商业基础自然会孕育出会馆。川南区域会馆较多的县有犍为、宜宾、叙永、南溪、泸县、威远等。

（4）川北以阆中、达州为中心的地区。阆中是川北陕甘移民入川的门户。素有"阆苑仙境""巴蜀要冲"之誉，由于其独特的地理位置，在漫长的历史长河中，阆中一直是川北政治、经济、军事、文化中心，又占有嘉陵江良好的水利优势，自然成了北来移民的理想落户之地。这些区域为移民聚居地，但也不乏移民者入川后再选择而进行的再次移民。移民者入川后也有可能出于经济和其他原因做川境内的再次移民。此区域会馆比较集中的县镇有广元、达县等。

从会馆的分布来看，河流的影响对其较深，有河流的地带场镇分布比较密集，会馆的数量比较多。出现这种情况一则是由于在移民之时，河流很大程度上是作为移民的通道，而移民选择沿河而居，主要是考虑其交通的便利性。除此之外，河流给商品的运输带来了很大的便利，当时的陆路交通不便，水运成为商业运输的主要渠道。因此，沿河的城市贸易繁盛，经济发展较快。

川内分布着发达的水系，由西向东有南北流向的岷江、沱江、赤水、嘉陵江、乌江、大宁河，以及贯穿整个四川东西走向的长江。在这些河流沿岸大多分布着密集的场镇。乌江沿岸主要有洛带、土桥、罗泉、牛佛、仙市、富顺、南溪等；而赤水河沿岸则有尧坝、福宝、丙安、二郎等。嘉陵江沿岸有恩阳、鄞江、兴隆、偏岩、龙兴、鱼嘴等；乌江沿岸有龚滩、郁山、龙潭，重庆与湖南接壤处沿酉水有酉酬、石堤、梅江等。而长江水域沿岸的则更是数不胜数，西沱、云阳、仁沱、白沙、来凤、李庄、南文、安边等。据孙晓芬学者统计，清代四川移民会馆最多的几个县为：达县、犍为、屏山、江津、西昌、荣县、云阳。如表3.2所示。

会馆的发展也符合一般事物的发展态势，同样经历了一个萌芽、兴盛和衰败的过程。许多会馆的建造尚经历了因地制宜、合理策划，由简到繁，从小到大，从朴实到精细华美，终成格局的修建过程。然而任何事物的发展都不是永久的，当走到高峰的时候，也预示着其的负发展，也就是逐渐衰退的过程。我们能从一些会馆建而毁、毁而复建，再毁再建的事实中，窥见当时之社会冲突的历史痕迹，这个历史痕迹延续到民国年间，四川帮会的杀戮，与四川军阀间的斗争。会馆也在民国时期退出了历史舞台。会馆以及会馆建筑既是那个时代的精华，也是那个时代的无意识的错误。[1]

另：笔者就巴蜀地区现存会馆其建造历史，现状等情况做了个初步的统计，参见表3.3、表3.4、表3.5、表3.6、表3.7。

表3.2 清代四川移民会馆最多的县一览表

厅州县	湖广会馆	广东会馆	江西会馆	福建会馆	陕西会馆	贵州会馆	云南会馆	江南会馆	河南会馆	山西会馆	广西会馆	燕鲁会馆	资料出处
达县	17	10	1	1	42								民国《达县志》卷10
犍为	21	20	18	7	2	1		1					民国《犍为县志·建置志》
屏山	28	11	21	4	3								光绪《屏山县续志》卷下
江津	22	12	16	6									民国《江津县志》卷4之2
西昌	13	16	8	1	4	9	1						民国《西昌县志》卷6
荣县	12	14	16	8		2							民国《荣县志》卷11
云阳	29	1	14	3	2								民国《云阳县志》卷21

---

[1] 傅红，罗谦.剖析会馆文化透视移民社会:从成都洛带镇会馆建筑谈起[J].西南民族大学学报（人文社科版），2004（4）

表3.3 湖广会馆一览表

区域	名称	地点	简介	现状	图片
川西（以成都为中心的平原地区）	洛带湖广会馆	四川成都东郊洛带古镇老街上街	建于清乾隆十一年(1746)，湖广籍移民修建	会馆现存两殿两院，最特别的是会馆前院天井	
	金堂土桥镇湖广会馆	位于四川省东北部金堂县土桥镇	原名禹庙，又名湖广馆，始建于清乾隆二十一年（1756），是湖南移民为联络友谊，防人欺凌所建，整个建筑雕梁画栋，金碧辉煌，中央占地面积约3000平方米，建筑面积1921.45平方米。此宫尤以木雕和壁画见长	现存的建筑由牌坊、戏台、正殿组成。宫前正面牌坊1座，三道拱门，宫面阔42米，中部为九脊歇山式成年台（戏台），木结构屋顶，抬梁式屋架，10架椽屋前后乳伏札牵用5座柱，进深4间13.7米，通高10米。正殿宽敞高朗，前为卷棚、丹犀，瓦筒覆盖，抬梁式屋架，面阔5间21.6米，进深5间19.4米，通高10.5米；素面台基，垂道式踏道5级；正殿两侧各有天井、廊庑	

66

区域	名称	地点	简介	现状	图片
	帝主庙	四川三台郪江	亦称黄州会馆,系由湖北黄州籍"众姓弟子"于道光二十三年(1843年)筹建而成。帝主宫坐落在郪城正街南段北侧,坐北朝南。占地面积1230余平方米。建筑面积843平方米	主体建筑山门戏楼、前殿、正殿,皆沿南北中轴线构筑,左右配置厢房,为完整的四合院。布局完整而严谨。山门戏楼合一。戏楼面阔4柱3间,进深4柱3间,单檐歇山顶。前殿面积60平方米,面阔4柱3间,进深3柱2间,为"减柱造"。正殿4柱3间,进深4柱3间,单檐悬山顶	
川西(以成都为中心的平原地区)	龙兴寺(原名禹王庙)	重庆渝北区龙兴镇湖广会馆	龙兴禹王庙始建于清乾隆二十四年(1759),嘉庆九年(1804)、道光二十五年(1845),至光绪年间都先后进行过培修。新中国成立后后禹王庙作为龙兴区公所,得到了较好的保护	龙兴禹王庙地势平坦,为四合院布局,坐北朝南,按中轴线布局建造。现保留下来的建筑面积有1500余平方米。禹王宫为三进院落,四周为高耸的封火山墙。分大山门、戏楼、庭院、耳房、牌楼、中庭院、正殿、后庭院、后殿。正殿、后殿已毁,现在供奉禹王的正殿是后来新建	

区域	名称	地点	简介	现状	图片
川西（以成都为中心的平原地区）	禹王宫	重庆市	禹王宫位于重庆市东水门城门内，根据2004年11月出土的"太极图"石碑来看，湖广会馆始建于乾隆十五年之前，又据窦季良先生于20世纪40年代考证，湖广会馆始建于康熙年间，现存湖广会馆建筑为道光二十六年（1846）重建。并于2004年对湖广建筑群进行修复	禹王宫依山而建，面对长江。依轴线对称布局，中轴线上依次为戏楼、抱厅、正殿、戏楼和后殿，左右各有厢房和耳房等辅助性建筑。建筑规模宏大，装修精美讲究。建筑北山墙围绕，南部另一会馆——齐安公所毗邻。禹王宫、齐安公所和广东公所组成了气势恢宏的湖广会馆建筑群	
	禹王宫	重庆潼南县双江镇北街	双江禹王宫坐落于双江镇北街，始建于清初。禹王宫占地面积2216平方米，建筑面积2556平方米。庭院长22米，宽16米，面达350平方米，可容上千人看戏	过去的禹王宫的大山门门楣上方刻有砖雕戏目20余台，砖雕玲珑剔透，具有很高的工艺水平。现在山门已经改为双江镇中心小学校门，昔日的砖雕已不见踪影。禹王宫戏楼建造考究，戏楼为歇山顶，飞檐翘起，屋顶过去为琉璃筒瓦，现在改为素筒瓦。禹王宫保存基本完好，现为潼南双江镇小学	

区域	名称	地点	简介	现状	图片
川西（以成都为中心的平原地区）	禹王宫	江津仁陀镇真武场	具体建造年代不详	禹王宫大体被毁，仅留存建筑一角。现为住宅用房	
	禹王宫	江津龙潭古镇	位于龙潭镇东南250米，始建于清乾隆四十七年（1782）。占地1 500平方米，坐西向东	1962年拆除大殿、戏楼等，现仅存中殿。木架构，面阔5间23.20米，进深3间12米、通高9米，台基高0.93米，前存石梯7级，穿斗抬梁混合式梁架	
	禹王宫	重庆江北鱼嘴	始建年代不详。曾作为粮库	规模较大的是禹王庙有一座戏台，场上组建有业余川戏班，常年唱戏演出，文化生活活跃。禹王庙内有铜钟、锡匾、黄荆梁、峡石栏栅，号称镇殿四宝，尤以粗壮的黄荆梁灌木作屋梁为奇	

区域	名称	地点	简介	现状	图片
川西（以成都为中心的平原地区）	禹王庙	重庆北碚偏岩		现存的禹王宫由戏楼和正殿组成。正殿为一纵向木穿斗大堂式建筑，灰瓦粉墙，朴素大方。堂内曾供禹王牌位与塑像。禹王宫前是一古色古香的戏台，戏台上层空间开敞，四周梁柱间饰以雕刻精美的古代戏剧图案，戏台下为暗层，专供杂勤之用，节庆之时，周围乡邻与来往客商云集于此，看戏娱乐，热闹非凡	
	帝主宫	重庆市大昌县	亦称黄州会馆，位于重庆市大昌古镇东街。修建于光绪十三年（1887）	帝王宫现为一大一小两井院并列组成。据其西侧山墙面又明显的两坡屋面与墙体相交的痕迹和现正殿前廊道西端封火墙有门洞来判断，帝主宫的原始格局可能是依正殿的轴线对称，即西侧的侧殿与东侧的侧殿对称，即三条轴线的布局	

区域	名称	地点	简介	现状	图片
川西（以成都为中心的平原地区	黄州会馆	湖北十堰黄龙镇	又称黄州庙，背山临水，位于南街东头。昔日的黄州会馆规模很大，上场院坐西朝东并列文昌庙、武昌庙两座大殿，对面为一座雕梁画栋的戏楼。下场院是正厅、伙房、杂屋，上下两院可坐千余人。如今这里部分留存的建筑已改作粮食仓库	黄州会馆现仅存大殿。大殿为一两重硬山顶砖木结构房屋，中间天井全以青石雕砌。墙壁以青砖浆砌，山墙为龙背拱式镂耳墙，青砖上烧制有"黄州"字样。大殿门楣为两米多长的雕花石条，以浮雕、石雕、镂雕等多种技法刻着双龙戏珠和云海花纹。院内散落的鼓型、虎爪型、莲花型、八方型等多种型制的柱础石墩，四面均有精美传神的石雕图案，有琴棋书画、麒麟凤凰、蝙鹿龙虎等。大殿后房放置着清嘉庆、道光、同治等年号的描金大匾，其当年的建筑气概和鼎盛景象可以想见	

区域	名称	地点	简介	现状	图片
川西（以成都为中心的平原地区）	齐安公所	重庆市	亦称黄州会馆，是在湖广会馆会首支持下由湖北黄州府商人修建的会馆。由于黄州人敬奉帝主，亦称"帝主宫"。它既是湖北黄州府籍人士的同乡会馆，又是黄白花客帮（棉花帮）的行业会所。黄州会馆初建于嘉庆二十二年（1817），光绪十五年（1889）重建。位于下洪学巷44号	建筑遗存为两进合院，高墙围合，主体建筑呈"凸"字形，布局依中轴线排列，由下往上依次为戏楼、看厅、抱厅、大殿。一般会馆建筑的大山门都是从戏台进入，流线与轴线在一个方向上，而齐安公所的山门却是从会馆的东侧进入，亦可能是风水的讲究，亦有可能是出于望乡之意（黄州的方位），有待考证	
	禹帝宫	四川屏山龙华古镇	位于正街南面。建于清乾隆三十三年（1758）。乾隆五十年（1785）建戏楼。总面积1870平方米，曾有龙华粮店使用	禹帝宫呈中轴线对称布局，轴线上依次为：山门、戏楼、前殿和后殿。殿前配以厢房构成前后两个四合院。山门和戏楼连墙，戏楼为单檐歇山顶，面阔进深皆为3间。正殿为主体建筑，穿斗结构，硬山顶。面阔3间。后殿进深3间，面阔5间，穿斗结构	
	福宝禹王宫	四川省泸州市合江县福宝镇	位于福宝老街。始建年代不详	建筑依轴线对称布置，轴线上依次为戏楼、正殿。两侧有厢房。建筑风格古朴典雅	

区域	名称	地点	简介	现状	图片
川西（以成都为中心的平原地区）	禹王宫遗址	内江市资中县铁佛镇	具体建造年代不详	仅留大殿部分，山门、戏台、厢房等已不可见。殿内结构依然可见。现为茶馆	
	慧光寺	四川省宜宾李庄镇中心	建于清道光11年（1831），坐南朝北，由一主一次两个四合院构成，建筑面积2200平方米	主院有山门、戏楼、正殿、后殿、魁星阁及厢房等建筑，其山门、戏楼均为重檐歇山式顶，檐下饰如意斗栱，整个建筑气势恢宏	

表3.4　江西会馆一览表

区域	名称	地点	简介	现状	图片
川西（以成都为中心的平原地区）	洛带江西会馆	四川成都东郊洛带古镇老街上街	江西籍客家人于清乾隆十八年(1753)捐资兴建。会馆坐北向南，背面的山墙面向街道，总建筑面积2200平方米	建筑依中轴线对称布局，由前中后三殿和一个小戏台构成，两进院落式布局	
川东（以重庆为中心长江水系区）	重庆龙潭万寿宫	位于重庆酉阳土家族苗族自治县龙潭古镇	始建于乾隆三年(1738)，道光六年(1826)重建。乾隆三年之前，万寿宫在龙潭附近的梅林，因梅树毁于大火，遂迁建于酉水河畔的龙潭镇。前靠龙潭镇石板街，后临龙潭河，坐东朝西，隔龙潭河，与大坟堡山相对。建筑面积约2400平方米	万寿宫殿宇巍峨，恢宏大气，为三进三院，分上清殿、御清殿、太清殿，悬山屋顶，戏楼上下台口雕戏曲人物和花草图案，戏台高8米，宽8米。万寿宫有两个山门，一面临酉水河，牌楼墙上用江西景德镇烧制的瓷件嵌成"万寿宫"三个竖排的白底蓝字，"文化大革命"中已毁掉，现为复制；另一面临龙潭老街，牌楼墙上镶嵌石匾，镂刻"豫章公所"四字，为横向排列。江西在汉代为章豫郡，至今南昌仍称为章豫城，龙潭万寿宫室重庆保存较好的会馆之一	

区域	名称	地点	简介	现状	图片
川东（以重庆为中心长江水系区）	蓬安万寿宫	位于重庆市蓬安周子古镇内	建造年代不详	仅留一个四合院和一座高达的门墙，复建项目已经开工	
	万寿宫	重庆江津仁陀镇真武场	建于清代，是入川的江西籍袁、杨等姓集资共建的	庙宇为四合院，正殿有上中下，左右有书楼，中下方有万年台，院坝约500平方米，每年秋季办庙会一次	

区域	名称	地点	简介	现状	图片
川南（以犍为、自贡、宜宾为中心的区域）	慈云寺（原为江西会馆）	位于尧坝川南黔北结合部	慈云寺，以前又叫做东岳庙，建于明朝万历年间，位于古镇的中心地带	慈云寺建筑由五重殿宇组成，整体顺应地势逐级升高，为典型的川南民俗性宗教建筑，古镇附近的善男信女们都来此处烧香许愿、求神拜佛。保存完整	
	万寿宫	赤水市复兴镇	建于清道光十二年（1832），光绪八年（1882）江西会馆被火焚毁，宣统二年（1910）重建。是江西籍商人集资修建，现保存完好。整个会馆坐南向北，中轴对称，四合院布局。会馆占地1215.12平方米	由山门、戏楼、两厢、正殿、后殿等建筑组成。正殿面阔5间、通面阔24米，进深3间、通进深10.5米，抬梁穿斗混合式硬山封火山墙青瓦顶。后殿除体量稍小外，制式与正殿一致。三道大门均为石刻梁柱，正门上方刻馆名"江西会馆"（现清理为"万寿宫"竖幅），整个建筑由28根高13米、直径0.75米的圆柱形和八方柱形的大石柱支撑，所有支撑木梁柱都有镂空雕或浮雕，以人物、禽兽、山水、花鸟图案为主，檐悬挂铜铃，屋脊有宝顶、龙兽等泥塑组成	

区域	名称	地点	简介	现状	图片
川南（以犍为、自贡、宜宾为中心的区域）	江西庙	四川省富顺仙市	万寿宫，即江西庙，由江西人建造，位于镇东北方向，现仅存前殿，面积48平方米，硬山卷顶，从两侧高耸的封火墙可看出，当时该庙的规模也非同一般	原江西庙占地千余平方米，有山门、戏楼、大殿一些附属屋舍。庙宇建筑为四合院式，首进是高高大大的山门，然后是戏楼，最后是大殿，规模宏大，屋舍华丽。现在仅剩下一座江西庙，庙内大殿里纪念供奉东晋道士许逊	
	万寿宫	四川省富顺牛佛市	万寿宫，由江西客商集资，建于镇南今电影院一带，占地1600平方米。山门顶额塑寿星老，正殿塑无量寿佛，全庙9尊神像。辛亥年(1911)，人为烧毁万寿宫。后缩小面积修复成礼堂式庙宇，壁画无量寿佛	新的万寿宫仅进地近1000平方米。江西帮庙会一般定于十月十八，有时也定期赶会	
	万寿宫	四川省广安市武胜县中心镇万寿宫巷10号	位于古镇东街之南，坐北朝南，始建于清乾隆三十八年（1784）。占地面积1249.8平方米，建筑面积742平方米	建筑呈三合院布局，均系单檐，悬山式屋顶，小青瓦屋面，穿逗叠梁综合式梁架。山门砖石结构，中间置大门，石柱、石枋。门高2.8米，宽2米，左右出雀替、兽首、额枋上置长方形石质长匾，立行"万寿宫"三字。已风化剥蚀，隐约可见"万"字石刻，石匾上端出檐下，右行有序13朵仿木构砖作丁头斗栱，高28厘米、宽15厘米。正殿南阔5间19.5米，进深3间9.7米，高12.8米，置廊柱，素面台基，高1米，阶宽1.8米。东西厢房面阔5间24.5米，进深3间7.2米，高10.6米。厢房至正殿间，间隔3.3米的天井，板石铺地，保存完整	

表3.5　广东会馆一览表

区域	名称	地点	简介	现状	图片
川西（以成都为中心的平原地区）	洛带广东会馆	四川成都东郊洛带古镇老街上街	始建于乾隆11年（1746）。会馆坐西北，向东南，依中轴线对称布局，总占地3250.75m²，建筑总面积为1000m²，规模为古镇之最	原由大门万年台（已拆除）、前院矿坝两边一楼一底的厢房，三殿二天井、后门廊房及廊道四部分组成	
	金堂土桥镇广东会馆	位于四川省东北部金堂县土桥镇	始建于乾隆二十八年(1763)。光绪六年（1880）又有续建，也是走马转角楼型的封闭式古建筑群	正门7间，中为九脊歇山式万年台。正殿是硬山式5间六祖殿，左右两侧建有歇山式钟鼓楼，均有9间廊庑相连、上下俱有走廊的厢房，还有一座雕刻精美的牌坊，八角亭、假山、后花园以及为数不少的石刻图像	

78

区域	名称	地点	简介	现状	图片
川东（以重庆为中心长江水系区）	南华宫	綦江县东溪镇朝阳街18号	始建于清乾隆元年（1736），道光十五年（1835）重建。20世纪50年代，南华宫曾作为粮食仓库，宫内的佛像被搬出丢弃于深潭之中，后又作为东溪啤酒厂办公室。"文化大革命"中，南华宫受到部分破坏，戏楼木雕幸被当地群众用黄泥封盖，乃躲过一劫，精美的木雕才得以保存下来。南华宫平面呈长方形呈四合院布局，院落长38米，宽17米，占地面积约650平方米	建筑分山墙、戏楼、厢房、天井、大殿几部分构成。外墙两侧封火山墙曲线起伏。正面墙体高达8米。戏楼为歇山式，脊饰为岭南风格。戏台面阔8.5米，进深5米，内空高约6米，天花为3层八角藻井。大殿空阔高敞，面宽16米，进深20米，空高约8米，面积多达300多平方米。屋顶为单檐硬山，穿斗抬梁结构，大殿建筑结构保存基本完好	
	南华宫	重庆江津仁沱镇真武场	建造年代不详	南华宫（广东会馆）是保存最完好的，可惜的是，大门石坊上的阴刻对联同样没逃脱"文化大革命"的命运。对联凿毁后，用泥灰封住，内容不得而知。步入大门，整个会馆呈四合院布局，主楼高10余米，用木柱支撑，整体悬空，颇有气势。据钟永毅介绍，这里是会馆的主要活动场所，正中布置有供客家人参拜的神像，议事等活动也在这里进行。与之相对的则是戏楼，两边的书楼则是供演员化妆、看书的地方	

区域	名称	地点	简介	现状	图片
川东（以重庆为中心长江水系区）	南华宫	四川省内江市资中县城内	后改为中共资中县委党校，资中南华宫原是古资州"四观"之一的"天庆观"所在地，清道光十七年（1837），州牧舒翼将其改置"凤鸣书院"，民国时其先后更改为"粤东小学""岭南小学"	该宫坐北朝南，属晚清宫庙式建筑布局，由山门、戏台、耳楼（已改建）、内坝、正殿、寝殿、中殿、后殿、两侧厢房及钟鼓楼组成，占地面积1520平方米。整个建筑重檐九脊，左右对称，内幽外阔，雄伟精巧，玲珑典雅，颇具华南风韵。幽深的内坝侧面，遗存着若干雕刻精美的柱础	
	铁佛中学（原为南华宫）	内江市资中县铁佛镇	南华宫是保护完好的古建筑，始建清初，乾隆、嘉庆、咸丰年间维修	坐南朝北，四合院布局，建筑面积918平方米，前后三进院落，布局严谨，筑工精致。内有很精致的戏楼。现存正殿、后殿、戏楼、厢房	

区域	名称	地点	简介	现状	图片
	南华宫	宜宾李庄	南华宫位于下河街中段（现为滨江路），始建于清代乾隆年间。光绪二十二年（1896）重建，宣统二年（1910）整修	南华宫坐南向北，与大桂轮山隔江相望。占地面积2250平方米，由戏楼、正殿、后殿和厢房组成四合院布局，戏楼山门为砖结构，大体形制和主体结构可见，厢房形制可见。大殿依存，无论能从屋顶还是从维护结构，改动较大，现作民居之用，四柱三间。正殿左右各有一小亭，亭为四角重檐，尖顶，其中一亭已拆除一层，后殿亦作为住家之用，封火山墙仅余留大殿旁一处	
川东（以重庆为中心长江水系区）	金桥寺	四川省富顺仙市	南华宫，又称广东会馆。始建于清康熙三十一年（1692），建造于清咸丰末年，建筑面积约1416平方米，占地1284平方米，系广东籍在各地流寓或经商的人集资修建的会馆	南华宫内部空间分门厅、戏楼、疏楼、院坝和大殿、耳房等三级布置，依地势高差顺势而建，序进渐高。在20世纪90年代末被改名为金桥寺	
	南华宫	四川省自贡市大安区大山铺镇大山村	始建于清代，占地面积1439.2平方米，是由广东客商于同治十年（1871）集资修建的一座同乡会馆	南华宫建筑呈四合院布局，大木结构，南北中轴线上，依次对称分布着大门、戏楼、两厢走楼、正殿以及正殿外东南角上的内厅与天井。戏楼屋顶为歇山式，现正门已被砖墙封堵，只留下左右两厢旁门。正殿面阔5间，长28.5米，进深11.5米，建在高达1.45米石台基之上	

区域	名称	地点	简介	现状	图片
川东（以重庆为中心长江水系区）	南华宫	四川省自贡市	南华宫始建于清光绪二十五年（1899），广东客商会馆，主祭南华六祖慧能。建筑占地面积3000平方米，砖木结构。曾设旭川中学女生部	由大小三个四合院组成层叠式殿宇。由戏楼、大殿、左右厢房和东侧院构成，围墙四合，灰塑、木雕遍布，精美至极。门楼与戏楼形成复合式楼台建筑，飞檐雄举，螭首高翘。大殿两端各筑二重封火墙。现为全国文物保护单位	
川北（以阆中、南充、达州为中心的区域）	广东会馆	四川省绵阳市三台县刘营镇	建于清代，具体年代不详。位于四川省绵阳市三台县刘营镇场镇正街79号。明末清初战乱之后，一些奉诏填川的移民纷纷迁居刘营，并建起用于"祭祀原籍乡贤神灵"和"凝聚在川的同乡籍人"的会馆。保存完好的广东馆便是其中之一	现为供销社招待所。现被列为第七批全国重点文物保护单位	

表3.6 福建会馆一览表

区域	名称	地点	简介	现状	图片
川东（以重庆为中心长江水系区）	万天宫	重庆綦江县东溪镇朝阳街28号	康熙二年（1663）建，建筑面积1000多平方米，系砖木结构，庙内供奉川祖神像等	宫门前和正殿前房顶均塑用重达数吨的龙凤，有达60余平方米的古戏台，两侧有观戏楼，有技艺精湛的雕梁画栋和木刻浮雕等，有菩萨像40多尊，另有钟、鼓等。古戏楼天花板藻井在古时是为扩大音效而建	
	天上宫	重庆江津真武天上宫	位于江津真武场，渡口略北，窄巷石阶而上即可看见。形制同其场上的万寿宫	客门北向，竖额"天上宫"，横额"开天福运"，四周墨笔彩绘有些许留存。石楹"崇封溯宋元以始钟灵在闽蜀之间"。如今的天上宫已为私人购买使用	

区域	名称	地点	简介	现状	图片
川东（以重庆为中心长江水系区）	天上宫	四川遂宁市市中区商业中心天上街	建于清咸丰元年(1851)，四合院布局，占地面4320平方米。天上宫内富丽华美，以木雕为主，间与石雕、砖雕，工艺精湛，造型精美。即使是一段普通木雕房檐，也不愧为一件卓越的艺术品。在其大殿正梁上题有"大清咸丰元年辛亥年二月二十八日闽省建立"的字样，闽省即福建省，天上宫就是清代福建商人在遂建造的商会会馆	宫门外立有两座砖雕牌坊，一为"乃文"，一为"乃武"，山门木结构建筑，门面三重檐，檐下施装饰斗栱，戏台面为单檐，檐下施装饰斗栱，整个房顶为歇山式。面阔3开间，宽9米，进深3开间，深13米。前面为山门，后面作戏楼，戏楼早年被拆。正殿宽敞高朗，面阔5开间，宽26米，进深3开间，深10米，高9.8米。用立柱32根，穿斗式梁架，单檐歇山式房顶，简瓦覆盖。勾头滴水图案繁多，前檐下施装饰斗栱51朵，昂为龙头，古朴大方。两侧书楼相连，面阔9开间宽33米，进深一开。它的旧址原处于天上街今百福后街的位置，已于2003年迁至西山脚下，搬迁时采用的是修旧如旧的方式	
川南（以犍为、自贡、宜宾为中心的区域）	天上宫	四川省富顺仙市	南华宫，建造于清咸丰末年(1862)，是广东籍盐业同乡会馆。在临河横街的山脊上，其中轴线与半边街和釜溪河垂直，俯视汀江，十分壮观。其建筑雕梁画栋鳌角凌空，人物战场栩栩如生。殿宇气势恢宏，山墙及正殿脊饰尤为精美	天上宫便是福建盐商的会所，建于清道光二十九年(1850)，平面呈"凸"字形，现在成了金桥寺的一部分，俗称"观音殿"。这三座会馆在仙市古镇古建筑中鹤立鸡群，昔日的盛景依稀可辨，同乡会馆，风雨之中，散发出一股股故乡的味道，这味道绝对是可以治疗乡愁的	

区域	名称	地点	简介	现状	图片
川南（以犍为、自贡、宜宾为中心的区域）	天上宫	四川省宜宾市李庄	现名玉佛寺，位于李庄线子市，是福建籍移民所建，兼有福建会馆性质的古建筑，建于清道光25年（1845），占地2200平方米。天上宫由大山门、古戏楼、正殿、后殿和厢房组成复合式建筑	四川省宜宾市李庄天上宫以木刻艺术见长，后殿上正前方的四根承檐斜撑，每根上刻有一龙或一凤；戏台两侧的图案有书籍、花瓶、荷花等。戏台的正面全是戏剧故事人物，情态各异的人物身后有山水楼阁作背景，戏楼的横梁上雕刻彩绘的二龙戏珠，从前上面全是贴的真金。新中国成立后一直作为粮仓。1998年恢复为佛教用房	

附表一：

表　号	表　　名	来　　源
3.1	清代四川移民会馆分布统计表（成都平原区）	蓝勇.清代四川土著和移民分布的地理特征研究（期刊）
3.2	清代四川移民会馆最多的县一览表	孙晓芬.四川的客家人与客家文化
3.3	巴蜀地区现存湖广会馆一览表	詹洁绘制
3.4	巴蜀地区现存江西会馆一览表	詹洁绘制
3.5	巴蜀地区现存山陕会馆一览表	詹洁绘制
3.6	巴蜀地区现存广东会馆一览表	詹洁绘制
3.7	巴蜀地区现存福建会馆一览表	詹洁绘制

4.1 巴蜀会馆的建筑选址特点

由于会馆的产生是由多因素结合而成，是一种"封建性商品经济与封建宗族制度以及市俗地方文化相融的产物"。因此，在会馆建筑于城镇中的"选址择基"中就有所体现。

4.1.1 邻近城镇港口、码头

这一特点在因航运而生的城镇表现得尤为明显。如重庆、仙市、宜宾等。重庆位于嘉陵江和长江的交汇处，古时的重庆的"下半城"为行业中心，其靠近长江。由北至南分布着东朝天门码头、东水门码头、太平门码头、储奇门码头。而当时"八省会馆"就沿着河岸码头依次分布。从《开埠之前的重庆》一图中（图4.1）可以看出：福建会馆、陕西会馆靠近朝天门码头；江西会馆和广东会馆、湖广会馆、江南会馆（如今的湖广会馆建筑群）位于东水门码头附近；而陕西会馆和浙江会馆则邻近储奇门码头附近。又如仙滩古镇亦是因为盐运贸易而兴起的场镇，仙滩有上码头、中码头和下码头。而仙市上的会馆建筑也是依次濒临码头，川主庙靠近上码头，南华宫和天上宫邻近中码头。

图4.1 重庆下半城会馆分布情况

巴蜀地区很多城镇都是水运交通的便利而兴起并随之繁荣的，码头文化成为这些地区的一种共同的文化，而这些城镇中的会馆大多靠近码头，除了选址中注重风水中"面水"（后文中有详尽的论述）的考虑之外，也是为了商贸便利的需要。巴蜀地区的会馆是具业缘和地缘双重性质的建筑形式，行业经济的繁荣也成为该行业组织的共同需求。

4.1.2 占据城镇、场镇中心地带

各省移民为了在各自的生存区域巩固自己的地位，会选择场镇中心的地理位置建造会馆，不过位置的选择也是要经过一定的酝酿和思考。因为一般而言，一个城镇或者场镇会有多个会馆，许多场镇过去都有着"九宫十八庙"的说法，这不仅说明场镇的繁华的景象，也说明各省会馆会纷纷聚集于此，充分显示出会馆建筑共同的选址倾向。如成都东山洛带古镇，广东会馆、江西会馆和湖广会馆就纷纷聚集于古镇老街中，它们的建筑格局基本上控制了古街的格局。又如自贡西秦会馆的选址不仅是在自流井最为繁华的商业中心区，而且

离陕西"八大号"的所在地"八店街"仅一步之遥，当时最长的两条纵横交错的主街之一便是起于正街与八店街之间，因此交通十分便利。又如尧坝古镇的慈云寺（江西会馆）就占据古镇的重要位置，不仅临山而建，气势恢宏，有居高临下之感，而且位于商业贸易中心，毗邻大鸿米店。

当然馆址的选择也不是一家而定的，由于当时城镇和场镇上会馆云集，若竞相争取势必会引起不必要的纠纷。一般而言，实力雄厚的会馆会占据城镇和场镇中最为有利的位置，实力相对弱一点的会馆则会折中选择相对位置，这样可避免冲突，防止在经济和贸易上产生不必要的纠纷，从而有利于会馆的发展和经营。

4.1.3 与传统祠庙、道观等结合

前文已经提到，大多数会馆都有以"庙"或是"宫"来命名的别称。如湖广会馆称禹王宫或禹王庙，江西会馆叫万寿宫，广东会馆称为南华宫，福建会馆称为天后宫。行业会馆中屠宰行业纪念张飞的会馆称之为"桓侯宫"或"张飞庙"，湖北地方会馆黄州会馆亦称为"帝主宫"或"三圣宫"，而四川本地的会馆

则称为"川主庙"。

显然会馆在作为一种民间自发的组织的同时，也将乡神崇拜融入其中，和传统寺庙一并成为一种具有礼制性的建筑。当然会馆的祭祀对象不同于传统的文庙和武庙或者佛教和道教，也不同于祠堂中的先祖，而是将"乡神"作为祭祀对象，这些乡神不是普通的乡神，一般是区域范围内共敬的神灵，而且这些神灵又大多与移民对故乡共同的"标志性记忆"有关。如：湖广人敬仰"大禹"或"禹王"，大禹因治理水利著称，而疏通河道，减少洪涝，是湖广人立命之本，也是他们能够四处迁徙的重要条件；四川人敬拜李冰父子，也同样是因为他们治水有功；福建人祭"妈祖"，是因为他们出海迁徙，需要妈祖的庇护保佑；山陕人敬"关帝"，是因为他们四海做生意，需要关帝"重情谊、讲信用"的精神理念。

正是移民通过对乡神祭拜，建立起对故土的"共同记忆"，扩大了祠堂中祭祀先祖的"狭隘性"，也缩小了对传统先贤或者神灵的"同一性"，而取得了一种以"地缘"和"业缘"关系为纽带的祭祀神灵的"差异性"和"多样性"，丰富了宗族文化内

涵。这种将组织的经营和灵神的崇拜合为一体的组织形式使得会馆成为一种特殊的建筑形式，它不仅是商业聚会的场所，更是移民精神寄托的场所。

4.1.4 受堪舆术的影响

中国古代的祖先们把选址定居作为安居乐业的头等大事，所谓"先安居，方可乐业"，认为堪舆术（俗称风水）在其中起到关键的作用，上到帝王下到平头百姓，无一例外。新西兰学者尹弘基在《自然科学史研究》杂志上说："风水是寻求建筑吉祥地点的景观评价系统，是中国古代地理选址与布局的艺术。"大凡兴土动工，必先"占宅"，即察看地理形势，审辩基地是否"藏风纳气""流水不腐"，方位是否"趋吉避凶"，最后选择一个环境优美、形神俱备的地方进行营造活动。会馆作为移民和商人的精神寄托，对风水的重视程度更是有过之而无不及。

"负阴抱阳""背山面水"是风水观念中宅、村、城镇基址选择的基本的原则和格局。巴蜀地区多数会馆符合这个格局，且很多基址都有坡度，依山而上，沿中轴线节节升高，从而造成良好

的视觉效果，通常主殿（拜殿）都位于最高点，也突出了"乡神"的地位。

巴蜀会馆很多由于商业贸易的便利，位于河道附近，但从已知的现存实例可看出，这些会馆多位于河水内湾环抱处得凸岸，即风水中的"汭位"。古代把"汭位"称为吉位，现在可在地理学中得到科学的解释：凸岸是沉积岸，有利于泥沙的堆积、土壤的形成；水流较缓有利于取水，且三面环水，可作防御之用。《水龙经》称："一水湾环抱，此地财宝"，就是在形容河流凸岸欣欣向荣，农民财富积聚的景象。如重庆湖广会馆群，从《开埠之前的重庆》一图中可以看见重庆"八省会馆"位于朝天门至储奇门一带，这一地带都处于长江河道的"汭位"。也有部分会馆的基址不具备风水中的格局，因此在修建会馆时采取了一些补救措施。自贡自流井的王爷庙（船工行业会馆）是根据阴阳五行之说"金生于水，水去则金失"而修建的（图4.2）。王爷庙下的"夹子口"水深流急，相传河底有洞可通东海。又因自流井是"银窝子"，井盐开采，财源茂盛，而釜溪河水逶迤东流不息。[1] 盐商们迷信思想严重，唯恐囊中之财随河水流走，故于"夹子口"处兴建庙宇，祭祀龙王，意欲以此锁住水口，以避钱财外溢，当然王爷庙的修建亦受到迷信的影响。又如自贡的西秦会馆，坐北朝南，后枕龙凤山，前临解放街大道。因为地处城市中心无法实现"面水"的条件，因此采用了"引水聚财"的手法，在中殿前方中轴线上凿池

图4.2 自贡王爷庙

[1] 黄健. 自流井王爷庙的建筑年代及其建筑风格刍议[J]. 盐业史研究, 1989(1)

蓄水，用以实现聚财、兴运的愿望。[1]再如自贡自流井中心区的桓侯宫（屠宰行业会馆）正殿和山门之间有个夹角，平面采取了"内正外不正"[2]的布局（图4.3），即正殿的朝向为吉位（正殿正对釜溪河对面的富台山），山门朝向街道，朝向不好。究其原因，是古代商贾官家讲究风水，建筑朝正，但是他们势力雄厚，桓侯宫是屠宰行业的会馆，屠宰匠们为了产生势力纠纷，于是故意将大门不正对风水，而悄悄地将大殿朝向修正，从外面并不易发现，这是一种巧妙的风水修正手法，也充分体现了工匠的智慧。

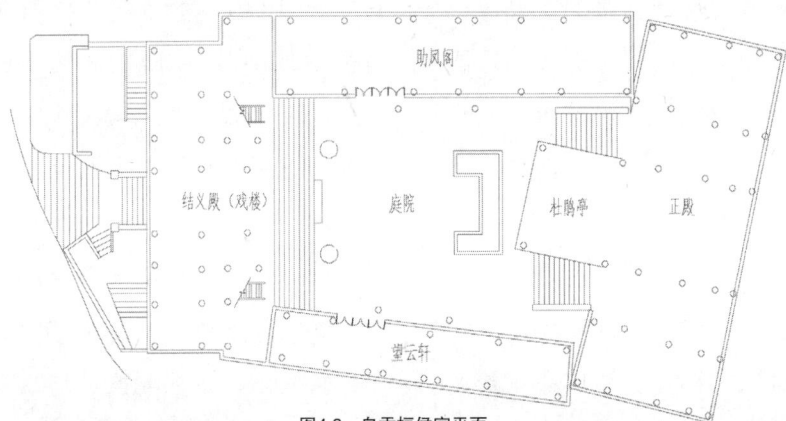

图4.3 自贡桓侯宫平面

4.2 巴蜀会馆的建筑分析

会馆是明清时期出现的一种新的建筑形制，它不同于一般公共建筑仅有单一的社会功能，而是集祠堂、戏楼、书院、旅馆、茶室等功能为一体的综合体，它发源于民间组织并服务于特定群体。而明末清初的"湖广填四川"的移民运动使广大移民入川，使先前人口萧索、经济停滞的巴蜀地区的农业、手工业得到空前发展，特别经济的繁荣带动的井盐生产的发展，大大促进了商品生产和商品交换日益活跃，从而带动了商业会馆和行业会馆的发展。

---

［1］ 谢岚.自贡会馆建筑中的风水环境观[J].山西建筑, 2009(12)

［2］ 同上。

4.2.1 功能分析

从前人的经验可以看出，建筑的形制是了解某一建筑类型的重要手段，一类建筑的建筑形制通常具有一种或几种固定的形制，并随着各种条件的影响，变化而演变发展而来的。

巴蜀会馆根据形制大体可以分为两种，一种为同乡会馆（移民会馆），即各省移民商人在巴蜀建立的会馆，这种一般具有商业和移民双重性质。另一种则为行业会馆，即各行业工人在此地建立的会馆。以下将对这两种会馆的功能进行分析。

（1）移民会馆

"迎麻麻，联嘉会、襄义举、笃乡情"是对会馆活动与功能的生动概括。原籍地移民在川定居后，以共同的地缘联系组合在一起，共建会馆。每年定期祭祀乡梓神祇，唱戏酬神；或在会馆中设塾延师，培养同乡弟子；遇饥年抗灾发赈，救济贫困乡亲；为贫病亡故的同乡备棺木，置地安葬；为本籍流落乡人供给膳食住宿，或赠予盘缠；聚会交流信息，特别是商务信息，乃至接洽办理商务；调解同乡之间或同乡与土著或同乡与外户之间的矛盾等。[1]

迎麻麻——祭祀乡神

"迎麻麻"被放到了社会功能的第一位，可见会馆对神灵的崇拜是非常重视的。对于会馆的神灵类型，许多研究者将其分为乡土神、福禄财神和行业神三大类。王日根先生则认为这三种类型之间其实没有清晰的界限。巴蜀地区大多会馆具有移民和商业两种性质，因此主祀神灵往往具备乡土神、福禄财神的双重功能，行业神多指各种行业会馆祭祀的神灵。

同乡会馆都有自己的乡神，即所谓的"各宗一神"。湖广会馆主祀大禹，古文中"善治国者，必先除其五害，五害之除，水为最大"。大禹治水的故事流传千古，而湖广地区江水之患尤甚，因此大禹被作为治水的英雄为湖广人崇拜。江西主以孝为上，祀许真君；陕西、山西主祀关羽；广东人主祀六祖慧能禅师；福建人主祀妈祖；而四川本土的川主庙则主祀李冰。

联嘉会——酬神会戏

各省移民以及子孙在祭祀乡

---

[1] 孙晓芬. 明清的江西湖广人与四川[M]. 成都：四川大学出版社，2005

梓福主、农历年节的庆典、商务活动的庆典时，均在会馆举行，并请来戏班子唱全本戏、连台本戏、折子戏。以各会馆财力，少则一年数次（一次一日），多则一年数十次（一次数目乃至十天半月）。

在此期间，商人们大摆宴席，联谊商界，也可与当地势力沟通，巴结、逢迎官府、这即是所谓的"联嘉会"。通过它，造就了节日的气氛，也促进了彼此的认同：一则通过审客们的共同文化活动来促进会馆中商号之间的团结协作；二则通过这种大众娱乐的形式来酬谢会馆所在社区的居民，以加强商帮会馆与所在社区居民之间的关系。

襄义举——积极慈善

"叙水土之本源，并思缔造艰难"。会馆是为了帮助客居异乡的同乡、维护同乡人的利益而设立，这一点决定了它具有强烈的慈善公益色彩。襄义举是指在会馆为同乡服务、助学济困、养老善终、失业救助、维护社会秩序等，以保护同乡的正常社会生活，与此同时，会馆的兴修和培修，商号纷纷捐资亦是襄义举的证明。

笃乡情——内部整合

桑梓之情是会馆内部整合的纽带。在移民社会中的会馆多以乡土神作为整合乡人的纽带，其他如工商业形制的会馆则把彼此的共同发展作为自己的目标。[1]具有移民和商业性质的巴蜀会馆则兼具以上两种精神，通过对乡神的祭祀，形成异地文化的空间移动，产生共同文化的共鸣。除此之外，共同的经济利益促使会馆这个组织有一定的内部规则和秩序，而会馆建筑则提供了这样一个平台，在此可以叙乡情、交流信息。

（2）行业会馆

行业会馆即由行业工人自己筹建的行业形制的会馆。其性质为低层次阶级的一种自我管理组织。行业会馆的功能较为简单，主要是在特定的传统节日或行业神祭祀日举办集会活动以及实行工人的自我管理。各行业都有自己行业的崇拜神，行业会馆同同乡会馆一样，在特定的日期会举行祭祀活动，以酬谢神灵的帮助和保佑。

会馆的功能决定了会馆建筑的主要平面形制，功能的主次关系也决定了会馆建筑各部分的平

［1］ 王日根.明清会馆与社会整合[J].社会学研究,1994(04)

面尊卑秩序，以下我们将对会馆的平面布局展开分析。

4.2.2 平面功能

了解会馆建筑的特色，亦先由会馆建筑的平面开始，而平面的布局往往由会馆的性质决定，会馆的性质则取决于会馆的功能。因此，对会馆的功能分析显得尤为重要。

（1）会馆建筑的一般平面布局形制

院落是我国传统建筑布局的特色，巴蜀地区的会馆建筑也不例外。它将会馆中有关"农历年节的庆典和商务活动"等使用功能和"祭祀神灵福主"的精神功能相结合，融合成以"行为中心"和"精神中心"为轴线的巴蜀会馆建筑序列空间：山门、戏楼、大殿。大殿与戏楼之间用厢房连接，大殿的两侧一般有耳房等辅助用房。这是最基本最简单的布局，亦有多个院落，视会馆财力而定。

祭祀神灵之所——正殿

祭祀乡神的主要功能决定了正殿的主要地位。因此，供奉神位的正殿成了布局中心，一般都处于中轴线的最末端，以示对神灵的尊重。由于巴蜀会馆建筑多依山而建，正殿位于轴线的末端，是整个建筑群的制高点，亦是会馆建筑的精神中心。

酬神会戏之处——戏楼

会馆建筑中戏楼建筑多位于建筑群的始端，这亦是其功能决定的。戏楼为酬神唱戏之用，同时几乎所有的娱乐活动都离不开戏楼的参与，它是真正体现大众文化的场所，在民众中具有极高的影响力，因此它也被放到了重要的位置，是整个建筑群的开端，是会馆建筑的行为中心。

而厢房和其他辅助性用房都位于轴线的两侧，厢房用以连接戏楼和正殿，多为两层。耳房多为与正殿的两侧。

（2）各省移民会馆的平面布局

同乡会馆建筑一般沿轴线有几进院落，将建筑群有机的分为几个功能单元，大致分为较为开敞的半公共空间和相对封闭的私密空间。由戏楼和正殿以及厢房三者围合的以院坝为中心的前半部分为半封闭空间。主要有庆典看戏、聚会洽谈、餐茶馆等功能，这部分空间一般人都可以进入，以"虚"空间为主，由于聚会、看戏等娱乐功能的要求，前半部分空间较大，为建筑的动区。而以正殿、大殿耳房等辅助性建筑为主的后半部分为私密空间，此空间多作为议事、生活等用，这部分一般人是不能进入，以"实"空间为主，院落较小，为建筑静区。这种以虚实变化、动静分区的处理手法在现代的建筑中也为常用，但现在使用主要从使用功能出发，而会馆建筑的分区除了使用功能的影响之外，神灵崇拜和封建社会的等级观念也对其产生了相当一部分的影响。

（3）行业会馆的平面布局

较同乡会馆的几进院落相比，行业会馆的平面布局显得较为单一，一般由一个院落来控制整个建筑群，即以院坝为中心、以戏楼、正殿和厢房围合的空间。在行业会馆的建筑中，亲疏关系没有明确的区分，半公共空间和私密空间没有明显的界线（除祭祀之外），反之融合成为一个集公众娱乐、议事、祭祀为一体的空间。

这种仅以一个院落来组织空间的形式一部分是由于行业工人财力的局限性，另一部分原因是为了避免与当地富商产生冲突。

（4）其他因素对会馆平面布局的影响

巴蜀地区的多数会馆都是遵循一般的平面的布局形式，这种平面布局也受到相关因素的影响。主要包括：财力的影响、使用功能、当地建筑文化、当地地理环境等。由于各个会馆组织的经济实力不同，因此，对会馆建筑的要求亦有差异。如行业会馆的形制一般比较简单，而同乡会馆则会讲究一些，严格的轴线对称，讲究风水等。亦有会馆在建筑群中植入花园，如自贡的西秦会馆。由于当时陕西帮势力雄厚，资金富足，因此在会馆的建设上也试图显示其财力，在正殿的两侧置花园，青山流水，无不显示了陕西商人的经济实力。又如江右商帮修建的石阡万寿宫，其规模宏大，整个建筑群采用三条轴线，即北路的紫云宫，中路的过厅、正殿，南路的圣帝宫。形成院中带院、宫中套宫、墙内有墙的独特平面结构形式，亦是江西商人雄厚经济实力的体现。除此之外，使用功能也会影响会馆的平面布局，为了疏散的要求，可能需要开设其他出入口，这种影响是较小范围的。当地的建筑文化也会影响会馆的平面布局，如洛带的江西会馆和仙市的南华宫、天上宫的正殿的两旁都发现有两个规模很小的天井，经分析为受当地民居的影响，第6章的场镇中会有描述，在此就无须赘述了。地理环境对建筑的影响是不能忽视的,有的会馆由于选址的影响,平面布局会受到限制,此时会对建筑的平面采取一些处理。如尧坝的慈云寺(江西会馆)有与该基址坡度较陡,在纵深方向上延续院落空间,在中殿与后殿之间没有采用庭院,而是用台阶相连,台阶直接置于室内。

4.2.3 空间营造

会馆建筑既不同于传统寺庙、官衙,又不同于乡村民居,它在空间艺术与造型上极具强烈的自我特征。会馆建筑往往体量高大而空间宽阔,伫立于乡镇低矮、狭窄的民居群体之中,体现出建造者们(同乡)寄托精神,展示文化风俗脉络,炫耀个体与群体财富的心态。故会馆建筑集民居之质朴,官衙庙堂之威严,寺院之缥缈神秘于一身,其色彩造型、空间形态,装饰彩画乃至一砖一瓦更具一方之民风民俗。由于四川特殊的历史地理背景和几省移民百余年来的影响,四川作为典型的移民社会,社会生活的方方面面都不是纯粹的巴蜀风格,而是融会了南、北方各种文化因素的一种"杂交"文化,正所谓"蜀地存秦俗,巴地留楚风"。在大多数情况下,这种文化的融合由于时间的推移,已经相当和谐,几乎理所当然的就是"四川"形式。但在会馆建筑中,各种文化的遗韵还是有所保留。

会馆作为民间自发形成的一种重要的公共建筑形式,其空间营造也是很具特色,建筑的入口处理、观演空间、祭祀空间以及园林空间的营造都显示出会馆建筑独有的特色。

(1)前导空间——入口

中国传统建筑历来重视建筑的入口,讲究通过入口的处理来表达修建者的理念和追求。入口的等级也显示了修建者的身份和地位。所谓"门脸""门面",说明"大门"是建筑的重要部位,它不仅是建筑的脸面,更重要的是建筑主人的脸面,"宅以门户为冠带""贫富看大门"说的都是这个道理。

会馆建筑作为一种公共建筑,它是针对特定使用人群的一种标志性建筑和精神文化的象征。因此,它自然也需要代表其地位和气势的入口空间形象。巴蜀会馆大多临于街道,入口空间相对显得比较直接,没有复杂曲折的空间处理。为了显示会馆的实力和影响力,通常采用体量高大、形式丰富的大门,通常以混合式牌楼门和随墙式牌楼门,但

表4.1　会馆入口

洛带湖广会馆	李庄慧光寺	龙兴禹王宫	齐安公所
复兴江西会馆	尧坝慈云寺	福宝南华宫	铁佛南华宫
洛带广东会馆	自贡西秦会馆	李庄天上宫	宜宾滇南馆

风格各异，有的极尽奢华、有的端庄简约，从而形成了丰富的建筑入口空间（表4.1）。

入口一般位于中轴线上，若建筑群为多轴线，则布置在主轴线上，一般与戏楼相连，形成门楼倒座的形式，即牌楼门与后侧的戏楼背靠背而立。牌楼门面向街道，戏楼面向院坝。戏楼底层架空，行人从大门进入，通过戏楼底层空间到达庭院。戏楼底层一般比较低矮，先通过低矮相对比较狭隘的空间到达一个明朗开敞的空间，达到欲扬先抑的效果。但这种入口的布局也不是绝对的，如湖广建筑群的齐安公馆，入口现置于厢房位置（图4.4）。亦如福宝古镇的清源宫的大门也是在开在厢房与主殿的连接之处，打破了常规的格局（图4.5）。

（2）观演空间——戏楼、院坝

戏楼，亦称乐楼。顾名思义是唱戏表演的场所。夏、商、周时代，就有以乐舞来敬神、祭祖、歌功等，这些远古敬神活动的表演成为戏剧的源头之一。戏剧表演是民间最喜闻乐见的一项娱乐，也是教化、传播文化的重要载体。

会馆作为祭祀神灵和酬神唱戏的场所，在这些活动中，通常以戏剧的形式来表达，而当时民间最为百姓喜闻乐见的戏曲便是川剧。川剧产生于民间，随着戏场的大量出现并逐渐繁荣，它的

图4.4　齐安公所

图4.5　福宝清源宫入口

繁荣反过来也促进了戏场建筑的兴起。会馆作为一种公共建筑，而戏楼作为该建筑的重要的一部分，作为戏曲表演的物质载体，具有很强的实用性，并得到大众的认可和喜爱。正因如此，观演空间可以说成为了整个空间处理的核心。如在增修筠连禹王宫的"序"中写道："乐楼者，所以演今日之院本，追古乐之遗风，则借彼衣冠，作大夏舞，无虑南风不进也。"会馆中的观演空间——戏楼及前区空间演变成会馆空间中需要重点处理的部分，他们往往利用地形，结合场地高差和观演的功能需要，形成极具特色的剖面空间设计。

巴蜀地区山多地险，地形

自然起伏较多，当地工匠巧妙利用地形特点对戏院观演区进行处理，形成极具特色的竖向空间。例如，有些会馆恰如其分的运用地形的自然坡度，采用了从戏楼到正殿（厅）地坪逐渐升高的做法，有效地满足了观演距离和视线，使之适宜观戏。在竖向空间上发展了以下几种基本的具有地方特色的形式：

第一种：戏台、观戏院落、正殿在同一层平面上，并以院落为主，入口从戏台地下进入，或从戏台两侧台阶上二层观戏空间。第二种：在院落中做较大的台阶，戏楼和正殿高差较大，观戏空间主要在院坝台阶中。第三种：戏楼和正殿高差较明显，但不通过台阶进行处理，直接在正殿观戏。

第一种形式最为常见，比如重庆齐安公所、自贡西秦会馆、仙市天后宫和南华宫等（图4.6）；第二种形式观演区以院坝台阶为主布局，对地势有一定要求。如尧坝江西会馆（图4.7）。

第三种形式一般院坝较小，戏楼和正殿距离较近，观戏主要集中在正殿中，以湖广会馆建筑群禹王宫和齐安公所为代表（图4.8）。这些剖面形式既丰富了戏楼前区空间的层次，又避免了观戏的视线遮挡，提供了良好的观赏角度。

（3）祭祀空间——大殿

大殿为会馆的主体建筑，是会馆内供奉神灵的地方。通常情况下，大殿空间开敞宽阔，明间供奉乡神。由于祭祀的需求，这个空间相对于观演空间，空间相对封闭。从观演空间到祭祀空间，呈现出开敞到封闭的空间感受，这种空间的处理也增加了祭祀的庄严和肃穆。

有的大殿中采用隔断，将空间分为两部分，前半部分作为供奉神明，后部空间则作为交通空间，如顾县的川主庙（图4.9）。这样的处理使得祭祀与交通两部分形成明确的分区，也是祭祀空间在视线上得到了一定的阻挡。

（4）园林空间——庭院

会馆建筑一般遵循传统的

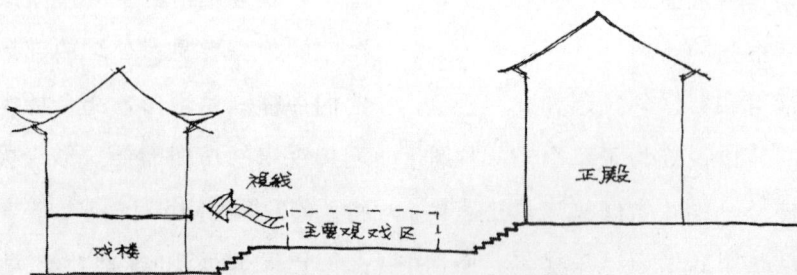

图4.6　剖面形式1

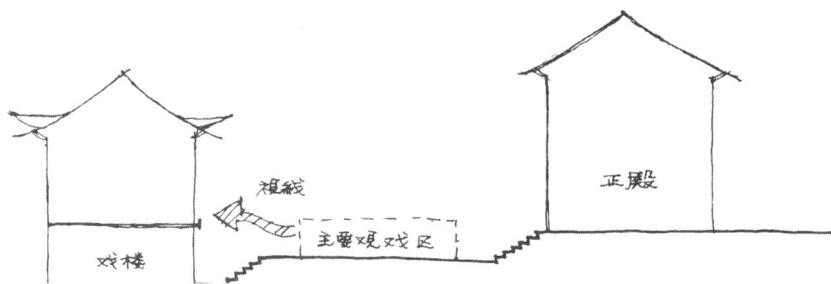

图4.7 剖面形式2

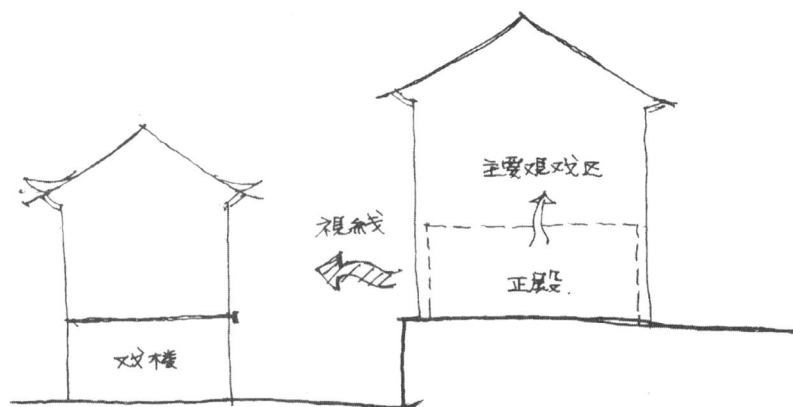

图4.8 剖面形式3

通过院落来组织空间布局。这些由建筑围合的大大小小的虚空间便成为整个建筑群的内向空间。这些虚空间和建筑的灰空间以及建筑内部空间一道形成了整个建筑群。

有的同乡会馆建筑除了布置大的观戏庭院之外，也会布置一

图4.9 川主庙大殿隔断

些富有园林趣味的小庭院。这些小庭院一般位于主轴线的两侧，大多对称布置，其间布置水池、假山，种植花木，营造一种"诗意""雅致"的意境，营造丰富的层次和景致。追其缘由是因为商人在传统文化中地位比较低。所谓士农工商，在明清以前，商人的地位是最低的，被认为"趣味"不甚雅致的一个群体，而在明朝中叶的时候已经出现资本主义的萌芽，商人的地位也有所提高，到了清代商人的地位再次提高，他们需要通过这种方式来表现自己的趣味，寻求一种新的心理平衡。除此之外，他们需要同当地的官绅联络感情，自然需要附庸官绅的风雅趣味。因此，小庭院便孕育而生。行业会馆则更加注重实用功能，只是在院坝中种植树木、花草，没有"诗意"之情，亦无"雅致"之感。这和他们所处的地位密切相关，他们更多的是追去一种功能性的建筑，在思想上也无"风雅"之趣，因此，他们的会馆建筑直接地表达了他们的内心追求。

4.2.4　造型设计

会馆作为一种特殊的公共建筑，与当地的民居和其他公共建筑有很大差异，这种差异除了功能和布局等几方面之外，建筑造型的处理也是其中的一个重要的方面。会馆的造型处理主要体现在戏楼、屋顶和封火山墙这几方面。

（1）戏楼

戏楼，亦称乐楼。顾名思义是唱戏表演的场所。夏、商、周时代，就有以乐舞来敬神、祭祖、歌功等，这些远古敬神活动的表演成为戏剧的源头之一。戏剧表演是民间最喜闻乐见的一项娱乐，也是教化、传播文化的重要载体，而川剧是其最主要的表演的剧种。

戏楼的造型可以用"千般旖旎，万般妖娆"来形容，走进会馆最吸引人眼球当属戏楼。丰富的屋顶造型，精美的雕刻，艳丽的彩画，真所谓"集万千宠爱于一身"。为什么戏楼会成为瞩目的焦点呢？首先，戏楼作为会馆建筑公共空间的一部分，是聚会娱乐，酬神唱戏的核心空间，而这种具有娱乐功能的性质正符合了大众娱乐感官的需求，而礼制的约束使得戏楼是普通大众能接触到的轴线上的唯一建筑，是会馆建筑的行为中心，戏楼的这种俚俗性质决定了它需要"大肆渲染"的需求。其次，戏楼的位置在整个建筑的布局中总靠近山门，置身建筑外的人们一般可见其屋顶，戏楼则是表现会馆建筑的一个窗口，对整个建筑的形象和地位有一定影响作用。各省会馆为了增强其影响力，展示其实力和财力，故将戏楼作为造型和装饰的重点。

戏楼作为唱戏娱乐的平台，它的功能决定了表演空间和观戏空间的形式。首先，作为表演空间的戏楼，讲究酬神唱戏，因此戏楼是面向正殿，并与正殿在同一轴线上，寻求一种一一对应的关系。但同时，其表演对象主要为普通大众，川剧无论从表现形式还是从内容上来说，都是表现一种世俗文化，充满着浓郁的生活气息，无需严肃和正式之感，因而往往带有一种娱乐性和随意感，这就使得舞台的布置具有开敞性，即真实直接地面向大众。戏楼通常向前伸出，为安全起见仅做低矮的挡板。三面开放使得光线充足，且屋檐起翘，反宇向阳，

从而减少了屋檐对光线的遮挡。台上台下互不隔绝，可真实地交流互动。观众有随时表达情感和干预台上表演的权利，可以"倒喝彩"，可以"挂红放炮"，演员和观众的交流因为舞台的开放性而畅通无阻。[1]

其布局受到戏曲表演形式的影响。川剧演出内容的表达和情节的推进全靠演员的"唱、念、做、打"以及其表演的格律化、舞蹈化、节奏化来实现，这就要求有伴奏的乐器。川剧亦是对生活的高度提炼和夸张的表现，因此在服装和道具上通常极其讲究。这样的表演形式必然要求戏台有道具室和化妆间，因此，戏楼通常有表演区和道具、化妆区。表演区位于中部，是整个戏楼的核心，道具室和化妆间则通常布置在两侧的耳房内。这种布局在现代的音乐厅等建筑中亦可见到，充分体现了戏楼的实用性和合理性（表4.2）。

表4.2　各会馆戏楼

湖广会馆建筑群禹王宫戏楼	复兴万寿宫戏楼撑弓	洛带湖广会馆戏楼

---

[1] 肖晓丽.巴蜀传统观演建筑[D].重庆:重庆大学,2002

洛带广东会馆戏楼	铁佛南华宫戏楼	湖广会馆建筑群广东公所戏楼
洛带江西会馆小戏楼	尧坝慈云寺戏楼	福宝清源宫戏楼
自贡西秦会馆戏楼	湖广会馆建筑群齐安公所戏楼	自贡王爷庙戏楼

表演空间通常会考虑声学原理，在这方面，巴蜀会馆的戏楼通常是将声学与造型艺术相结合，如在一些戏楼的顶部，会采用藻井的形式，不仅满足声学要求，也具备了装饰的效果。在别的地区亦有通过其他方式来满足声学原理的例子，如解州的关帝庙，其戏楼皆通过采用八字墙的形式来起到扩音的效果（图4.10）。这也是现代音乐厅的舞台所广泛采用的形式。

除此之外，戏楼在装饰上也是"无所不用其极"。形象逼真的栏板雕刻、精美绝伦的斜撑雕刻、独具特色的屋脊瓷片拼图以及美轮美矣的垂花柱，无不展现了当时的审美情趣和精湛的工艺水平。

（2）屋顶

会馆建筑通常通过院落来形成建筑群，这跟传统建筑布局方式相同。通过不同的屋顶形式的组合来达到屋顶的艺术效果。会馆建筑的屋顶形式很丰富，主要有重檐歇山、单檐歇山、盔顶、悬山、卷棚、硬山等。屋顶形式的运用与建筑的级别密切相关。如重檐歇山和单檐歇山是会馆建筑级别中最高的形式，主要用于戏楼和正殿；盔顶主要用于钟鼓楼或者其他规模较小的建筑空间。前者如宜宾李庄的南华宫的鼓楼，自贡西秦会馆的参天阁则属于后者；悬山主要用于厢房、殿堂、耳房等；卷棚主要用于大殿前得厅堂、厢房等建筑；硬山

图4.10　解州关帝庙八字墙

为级别最低的形式，主要用于厢房、耳房等辅助性建筑。在会馆建筑中也出现了传统建筑中出现的"勾连搭"形式，这种形式主要是为了增加空间跨度，如重庆湖广会馆群的湖广会馆的殿宇屋顶之间即是通过这种形式实现的（表4.3）。会馆建筑通常依山而

表4.3　各会馆屋顶形式

自贡西秦戏楼	李庄天上宫之一	李庄天上宫之二	李庄南华宫
尧坝江西会馆厢房	重庆湖广会馆建筑群广东公所戏楼	洛带江西会馆前殿	龙潭万寿宫

建，逐渐升高，其屋顶也随着坡度的变化随轴线呈现逐渐递增的趋势，仿佛连绵的山峰，层次鲜明，从而形成整个城市或场镇丰富的天际线，更加突出了会馆的地位和影响力。此外，由于巴蜀会馆建筑由于移民活动的影响，表现出南方建筑的特色。如屋顶的檐口翼角通常起翘较大，形成"如鸟斯革，如翚斯飞"的特点，活泼轻盈却气派不凡。

（3）封火山墙

封火山墙又称马头墙，是一种屋顶与墙体结合的组合形式，产生于宋代，多见于江南地区，巴蜀地区使用并不多，一般仅用于大型宅院或公共建筑。会馆作为巴蜀场镇中大型的公共建筑，封火墙使用较为普遍。它的产生是为了满足防火的需求，在封火山墙运用之前，一般民居的墙体只是用木板和夹泥墙，防火性能较差。在房屋密集的地区，一旦发生火灾，会一家着火，百家遭殃。基于这种现象，外墙开始采用土坯墙，明代的时候，砖大量普及，于是出现了砖墙，相对于之前的木板和夹泥墙，封火功能有一定改善。在不断的实践过程中，人们开始把墙体加高，

突出屋顶，有效地阻断了火势的蔓延，正如现代建筑设计规范中的"防火分区"，将火势控制在一定区域内，而封火山墙就犹如"防火卷帘"，切断了火势蔓延的可能性。当一种技术趋近成熟的时候，建筑艺术就开始萌芽。最初的封火山墙只是单纯的防火需求，并不讲究其技术性，随着技术的成熟，人们开始进行雕刻和绘画，增添建筑的外形美，达到技术与艺术的完美结合，并演化成为一种建房的形式和风格，即使独门独院也采取这种形式。

封火山墙是会馆建筑的造型特色之一，气象万千、姿态优美的屋顶结合各式各样的封火山墙，再配上屋顶、墙体的雕刻和绘画，仿佛一曲曲扣人心弦的乐章。

巴蜀地区的封火山墙多为砖砌墙体，墙裙多用条石。根据不同的墙头形式，一般有阶梯式、马鞍式、人字式、水形式以及各种形式的组合（表4.4）。阶梯式是最为常见的一种形式，突起的山墙一般略宽于屋顶山墙的宽度，并分为若干分档（封火山墙分成若干段，统一标高、长度的一段，谓之一档）。[1] 一般中间

---

[1] 曹永沛. 徽州古建筑"马头墙"的种类构造与做法[J]. 古建园林技术, 1990(04)

的一份尺寸最大，每级水平，呈阶梯状，沿着屋顶的山墙层层跌落，跌落的高度和宽度由屋面坡度的大小和长度等，犹如楼梯间的台阶的宽度和高度是由楼梯间的进深和层高决定一样。最具代表性的有三花山墙和五花山墙。三花山墙即分两层跌落，总共三级，形式较为简单。五花山墙即为江南地区最具代表性的山墙形

表4.4　各会馆封火山墙形式

| 福宝南华宫 | 贡井南华宫 | 李庄南华宫 | 铁佛南华宫 |
| 洛带广东会馆 | 洛带江西会馆 | 复兴万寿宫 | 仙市江西会馆 |

| 重庆湖广会馆齐安公所 | 重庆湖广会馆建筑群 |

式，称为"五岳朝天"。三层跌落，总共五级。马鞍形顾名思义就是山墙形似马鞍，呈曲线形，线条流畅；人字形即和屋面坡度形状一样，只是略高于屋顶；水形则类似波浪形，整个山墙曲线流畅，别具特色，如湖广建筑群的山墙。除此之外，山墙根据构造和做法可分为坐吻式马头墙、鹊尾式马头墙和印斗式马头墙。

除了形式不一的山墙构造之外，雕刻和绘画也为封火山墙增添了许多艺术特色。在墀心或壁心上通常会有一些灰塑小品和绘画（图4.11）。形态各异、错落有致的封火山墙和精致可人的灰塑雕刻以及别具特色的绘画，灵动飘逸，如悠扬的乐曲跳跃在城市、古镇之间，穿梭于鳞次栉比的房屋之间。

图4.11 封火山墙灰塑小品

4.2.5 结构特点

会馆是中国古代公共建筑，其结构形式大多是"通用型柔性网络系统"，具有开放性和适应性极高的特点，从而便于各建筑类型及空间的转化、融合。巴蜀地区会馆建筑多采用小式大木作，基本不施斗栱，除山陕会馆和部分湖广会馆之外（此时的斗栱已经完全转化为装饰构件，无结构作用）。

（1）大木构架基本形式：穿斗式列子

在《四川住宅建筑》中，刘致平先生将穿斗式构架称为穿斗式列子。巴蜀地区多采用这种梁架形式，这种结构用材小但是用材密集，这是和巴蜀地区多木

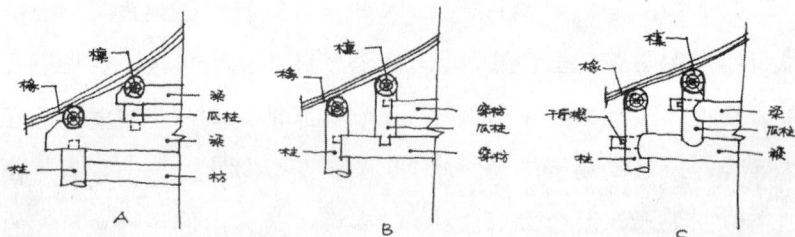

图4.12 A为抬梁式 B为穿斗式 C为抬担式

材但高大木材不多的自然条件相关的。其特点是用柱而非梁来承檩，用穿枋连接柱子，共同组成屋架。这样结构形成的室内柱密但空间不够开敞。虽然穿斗构架在平面柱网的布置上不及抬梁式

结构的空间开敞，但在布置柱网之时却具有潜在的灵活性。可通过隔柱落的形式轻易地解决移柱和减柱问题，从而形成开敞的空间效果。这种结构多置于大殿的两山墙位置或次要的建筑中。

抬担式列子

即我们熟知的抬梁式结构，但这种做法与《则例》中的做法有差异。《则例》中的做法是柱上置梁，梁上支短柱，柱上再置梁，檩直接置于梁的两端。而抬担式是柱上直接置檩，梁置于柱中，梁上再置短柱，柱上承檩，此时的梁有两种结构作用，一是相当于穿斗结构中的穿枋连接两柱，二是可支撑短柱（图4.12）。洛带广东会馆正厅中缝梁架即采用此形式（图4.13）。

混合式

这种结构形式多见于大殿

图4.13 洛带广东会馆梁架

中，一般中跨采用抬梁式结构，两侧山墙位置多用穿斗式结构。比起北方传统的官式做法，其结构形式更加自由简洁。

（2）檐部出挑方式

巴蜀地区会馆除山陕会馆、部分湖广会馆采用斗栱之外，一般会馆不施斗栱。若有斗栱也仅作装饰之用，无结构作用。这就需要特殊的结构来代替斗栱来支撑挑出的屋檐。巴蜀地区的建筑

图4.14 吊瓜

图4.15 撑弓

通常采用挑枋与撑弓结合的手法来承托挑出的屋檐。具体做法为在挑枋上支短柱，俗称"瓜柱"，瓜柱上承檩条，下部悬空形成吊瓜（图4.14）。撑弓是一种斜撑构件，下端支于檐柱，上端抵住挑枋，从而形成用以支撑屋檐的承重结构（图4.15）。撑弓不仅是其结构特色，亦是装饰的重点部位，是功能与形式的统一。这种承重方式是巴蜀地区特有的，在民居中广泛使用。这也反映了本土建筑文化对会馆建筑的影响。

（3）移柱造与减柱造

这种构造主要用于戏楼平面形式的布局。戏楼通常采用四柱三开间的形式，为了唱戏和观戏的需要，戏楼平面呈"凸"字形，即将前排檐柱的中间两个柱子向前移出；亦有将前金柱的中间两颗减去，即减柱造。在二层平面上，为了方便演出的需要，通常省去前排中间的两颗中柱。如重庆湖广会馆禹王宫的小戏楼就是采用移柱的构造方式，而赤水市复兴镇万寿宫的戏楼则采用的是减柱造；又如自流井王爷庙、桓侯宫、贡井南华宫的二层平面则采用减去中间两颗檐柱的方式。

4.2.6　装修布置

（1）小木作

天花

天花指的是古代建筑的吊顶。古代的天花吊顶主要有平阇和平棊两种，平阇即软性天花，一般住宅用秫秸札架，然后糊纸，属于纸糊天棚。府第宫殿的讲究做法，用木顶格，贴梁组成骨架，下面裱糊，成为"海墁天花"。这种天花表面平整，色调淡雅，显得明亮亲切。平棊为硬性天花，由天花梁枋，支条组成井字形框架，上钉天花板，成为"井口天花"为高大的空间，显得隆重、端庄。也有简易做法的称为"彻上明造"，即不带顶棚，将"上架"的梁，枋，檩，椽都暴露于室内，这样就把屋顶层的内部空间并入内里空间，使室内大为高敞，"架"构件自然也成了内里空间的分割手段和装饰手段，这种做法大多用于寺庙佛殿，陵寝祭殿和宫殿组群中的门殿，便于取得高爽、深幽、神秘的空间气氛。高级的天花可作为藻井的形式，是天花的重点部位处理，多用于宫殿、坛庙、寺庙大殿的帝王宝座，神像佛龛的顶部，如同穹然隆起的华丽伞盖，渲染出中心部位的庄严、神圣，以突出空间的构图中心和意象氛围。藻井属于天花中的最高等级,历来都把它列为内檐装修中的最尊贵体制。

会馆建筑虽然为民间建筑的一种,但其建筑工艺和审美却代表了民间技艺的最高水平。巴蜀会馆的建筑的室内吊顶大多采用彻上明造,即将整个梁架暴露在外,取得室内高敞通透的效果

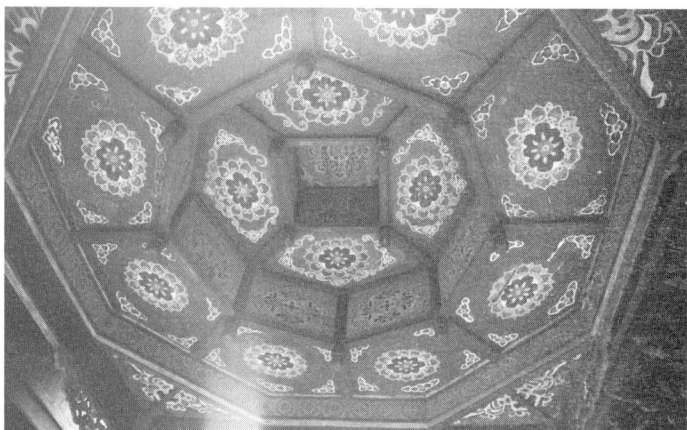

图4.16 藻井

表4.5 会馆建筑梁架结构

洛带广东会馆梁架	李庄南华宫鼓楼梁架

洛带江西会馆梁架	顾县川主庙戏楼前廊架	铁佛湖广会馆大殿梁架

(表4.5)。也有的采用天花的做法,即将梁架结构隐藏于吊顶中,使建筑顶部表面平整,室内尺度宜人。在建筑最重要的部位也有采用藻井的做法的,如戏楼,除了突出建筑的重要性之外,符合声学的要求也是其中的一个因素(图4.16)。西秦会馆较其他会馆在吊顶装修上显得极其讲究。所有房间全部作天花,中殿和正殿天花施彩绘。金镛楼和参天阁内都采用藻井。

轩

会馆中的厢房、抱厅屋顶一般采用卷棚式,而建筑内部的吊顶装修也延续了这种曲线形的线

图4.17 轩1

图4.18 轩2

条，即轩（图4.17、图4.18）。其做法是先用椽子或桷弯成木架，然后在桷子上顶薄板，板很薄，随着桷子的弯曲形状来钉。板刷黄漆，配上深褐色的卷桷子，非常轻快、美观。这种形式在洛带广东会馆、仙滩天上宫都可以见到。

楣子、挂落、花牙子、花罩

这几种小木作是装设在柱间的装修。会馆建筑内部较为开敞，所以多使用倒挂楣子、挂落、花芽子、花罩等。既使空间通透，又起到极佳的装饰效果。倒挂楣子主要由边框、棂条以及花芽子等构件组成。挂落多设在厅堂的外廊和走廊的柱间，其花纹有万川、藤茎和冰纹三种形式，以万川用得最多；花芽子位置虽与大式木作的雀替相同，但它纯粹是艺术装饰，而无结构作

表4.6 会馆檐部装饰

湖广会馆建筑群禹王宫戏楼檐部装饰	龙兴古镇禹王宫牌楼檐部

| 湖广会馆建筑群齐安公所戏楼檐部装饰 | 自贡西秦会馆抱厅檐部装饰 |

用，故在造型上比较自由。有以直线组合，有的曲线构图还有的将左右两边的花芽子组合成各种罩的形式。罩可以说是挂落的发展，罩两端向下突出较长的称飞罩，比挂落稍长的称挂落飞罩。罩有的满刻雕饰花纹如动植物、松、竹、梅等，题材丰富，成为划分空间界限，隔而不断使空间虽有分割又有联系，是木雕的重点部位（表4.6）。

（2）石作

柱础

古代建筑构件一种，俗又称磉墩，或柱础石，它是承受屋柱压力的奠基石，凡是木架结构的房屋，可谓柱柱皆有，缺一不可。古代人为使落地屋柱不使潮湿腐烂，在柱脚上添上一块石墩，就使柱脚与地坪隔离，起到绝对的防潮作用，同时，又加强柱基的承压力。因此，对础石的使用均十分重视。随着手工业的发展，柱础工艺日益成熟，柱础的形式也由最初的功能式的石墩演变成各种形态不一、雕刻亦繁亦简的形式。柱础大致经历三个发展阶段：一、在柱下铺垫卵石，不露明；二、让础石上升到地面来，成为整个立柱的外观形象部分，但没有装饰；三、在础石上再安装柱座，础石周围加以精雕细刻进行装饰。

巴蜀会馆的柱础形式可谓种类繁多。有简单的无雕琢的鼓式，亦有雕刻精美的石兽式；有常见的方形、圆形柱础，亦有少见的八边形；有高度较小，尺度宜人的，也有高度大，双层叠加式的。总之，是繁简不一，造型各异（表4.7）。

大多会馆采用的都是常见的鼓式柱础，础径随柱径的变化而不同。也有许多特殊的做法，如复兴镇的万寿宫的戏楼，柱础尺寸较大，采用八边形。又如自贡的桓侯宫多用雕成石兽，刀法遒劲，形态生动，形态各异，显

表4.7　会馆柱础形式

| 顾县川主庙戏楼 | 铁佛南华宫戏楼 | 铁佛禹王宫大殿 | 自贡桓侯宫戏楼 | 自贡桓侯宫抱鼓石 |
| 铁佛南华宫 | 洛带江西会馆大殿 | 复兴万寿宫大殿 | 复兴万寿宫戏楼 | 自贡西秦会馆入口 |

得活泼诙谐，趣味十足。自贡的西秦会馆有六角形柱，亦有石柱置于石狮之上，做法独特，气势恢弘，和整个建筑群相得益彰。柱础的繁简亦显示出会馆风格追求，古典质朴抑或是恢弘辉煌。

墙裙

在建筑构造方面，许多因巴蜀的自然气候形成的有特色的处理手法在会馆中也有体现。比如由于巴蜀地区多雨潮湿，在建筑防水做法上常采用石材做"墙裙"，高1米有余，防止潮气上侵。

4.2.7　装饰运用

巴蜀会馆的建筑装饰是当时民间最高技艺的体现，无论是技艺还是审美都体现了当时的最高水平，是古代工匠集体智慧的结晶，也是留给后人的一笔巨大的财富，对研究巴蜀地区的建筑文化、建筑历史和建筑风格都有很大的价值。

（1）装饰题材

巴蜀地区会馆建筑的装饰题材丰富多彩，几何纹样、动物、花草植物、人物、文字以及反映人们喜闻乐见的戏曲内容及民间传说等都是会馆建筑常用的装饰题材。

常用的几何纹样有万字纹、龟背纹、铜钱纹、拐杖龙纹、冰裂纹、回纹、菱形纹等，多用在窗格、栏杆等处；常用的动物题材如龙、凤、蝙蝠、仙鹤、鸳鸯、鲤鱼、鹿等，花草植物题材如牡丹、荷花、岁寒三友以及瓜果、蔬菜等，运用部位比较广泛，多利用其谐音寓意，表达人们对美好生活的向往；文字题材以福、禄、寿、喜为主，常用于木雕和石雕中。除了上述装饰题材，会馆建筑中最为特色的要数以戏曲内容和民间故事为装饰的题材。

川戏剧目如《水浒传》《三国》《白蛇传》《西厢记》以及折子戏《辩琴》《王母献寿》《赶潘》《失秦州》等，川剧界流行"唐三千，宋八百，演不完的三列国"的说法，以三国戏为题材的戏曲内容最为普遍，这和三国故事在民间的广泛传颂有很大的关系，还有一部分原因是三国的故事和人物多发生在巴蜀地区，因此民众对三国比较有亲切感。还有以各省地方戏内容、民间故事等作为建筑装饰的题材。除此之外，以表现"忠孝仁义"的故事也是会馆中重要的装饰题材。这和明清以来，资本主义萌芽和发展，商人的地位得到提高有关。商人文化在将结合传统"忠、孝、礼"思想的基础上，发展了"忠实守信、讲义气、重信誉"的思想情感和道德情操。以山陕会馆为例，常以表现忠孝仁义的故事情节作为装饰题材，如齐安公所厢房中雕刻的"二十四孝图"和最具忠义精神的人物等。

（2）装饰手法

就工艺技法而言，木雕、石雕、砖雕、陶塑、泥塑、灰塑、嵌瓷、彩墨绘等都是巴蜀地区会馆建筑常见的装饰手法。

雕刻

雕刻是巴蜀会馆建筑中独特的风景，无论是石雕还是木雕，无不显示出古人的智慧和高超的技艺。施雕的部位也比较广泛，石雕多用于接近地面的石栏板、柱础、阶沿等部位，把防水与美观、功能与装饰相结合。木雕使用部位较多，考虑到不同的观赏角度和距离，高浮雕、镂雕、平雕、线雕等诸多技法相辅相成，各尽其用。戏楼栏板、撑弓、挂落、垂柱和建筑下檐口都是木雕技艺的重点展示部位。雕刻题材也是多种多样，有戏曲故事、花草虫鱼、民风习俗、当地景致、文人诗句、器皿等，用以表达不同的文化内涵。

瓷片

瓷片这种装饰手法原盛行于广东、福建一带，随移民带入四川。它是用破碎的瓷片构成图来达到装饰的效果，取谐音"岁岁（碎碎）平安"之意。多用于屋顶的脊部，也有在影壁上制作的，多以青、白为主。一般用于勾勒建筑的脊的形状，如给建筑屋顶增加了一道"花边"。一般用于戏楼、正殿等重要建筑中。手法细腻，装饰效果独特（表4.8）。

表4.8 会馆中的瓷片装饰

齐安公所山墙瓷片装饰	齐安公所屋顶脊部瓷片装饰	自贡炎帝庙戏楼瓷片脊饰
自贡西秦会馆厢房屋顶正脊瓷片装饰	尧坝慈云寺戏楼正脊瓷片装饰	自贡桓侯宫大门瓷片装饰

表4.9 灰塑

洛带湖广会馆山墙	洛带江西会馆山墙	李庄天上宫山墙

灰塑、瓦塑

灰塑的色彩艳丽,有白色、灰色、红色等原色,也有灰塑成形后,再在上面上色的做法。灰塑主要用于屋脊、屋檐和封火山墙的墀心或壁心上,形态各异、生动可人。瓦塑则主要用于屋脊处(表4.9)。

书法楹联

这种手法在建筑、园林、风景名胜中广泛应用。书法楹联的运用不仅是一种装饰手法，也是建造者抒发情怀、展示政治抱负、道德情操的一种方式。

会馆中楹联的应用不仅是装饰的需要，也是会馆中的同乡子弟抒发思乡之情、施展政治抱负、讴歌先人事迹、赞誉乡神丰功的一种表达方式。如洛带古镇的广东会馆中殿次间有联"衣钵绍黄梅，浓荫退帐，蜀岭慈云连粤岭；坛经番贝叶，宗源溥导，曲江分派接沱江"，[1] 流露了当地客家人不忘故土、绵绵无尽的思乡之情。中殿明间檐柱有联"庙堂经过劫灰年，宝相依然，重振曹溪钟鼓；华简俱成桑梓地，乡音无改，新增天府冠赏"，[2] 此为客家精神的再现，虽然背井离乡，却不畏艰险，勇于开拓的精神。同时也反映出他们热爱四川、誓言创造美好生活的坚强决心和激情斗志。在自贡桓侯宫大门两边的石匾上有联"大义识君臣，想当年北战东征单心克践桃园誓；功丰崇庙祀，看今日风微人住寿世还留刁斗铭"。[3] 此联歌颂了张飞的忠义勇猛。重庆湖广会馆大门有联"三江既奠，九州攸同"。这里的"三江"泛指大禹所治理的江河，"奠"是平定之意，"九州"泛指天下。此联歌颂了大禹治水的丰功伟绩，意指洪水的平定便可天下太平。

（3）装饰部位

栏板

戏楼栏板和钟鼓两阁木栏板的雕刻是整个会馆建筑群中装饰雕刻最精彩、最突出的部分，许多会馆建筑没有设置钟鼓两阁，因此，戏楼戏台部分的栏板就成为装饰的重点，以木雕为主。通常以戏曲故事、本省佳境、花草树木和器物等进行装饰（表4.10）。

洛带湖广会馆戏楼的栏板木

表4.10　栏板雕刻

| 自贡西秦栏板雕刻之一 | 自贡西秦栏板雕刻之二 | 自贡西秦栏板雕刻之三 |

[1] 王雪梅，彭若木.四川会馆[M].成都：四川出版集团,2009
[2] 同上。
[3] 同上。

自贡西秦栏板雕刻之四	自贡西秦栏板雕刻之五	自贡西秦栏板雕刻之六
滇南馆栏板雕刻之一	滇南馆栏板雕刻之二	滇南馆栏板雕刻之三

滇南馆栏板雕刻之四	滇南馆栏板雕刻之五
复兴万寿宫戏楼栏板雕刻之一	复兴万寿宫戏楼栏板雕刻之二

尧坝江西会馆戏楼栏板雕刻	自贡桓侯宫戏楼栏板雕刻	自贡王爷庙戏楼栏板雕刻

雕为高浮雕,题材为川戏故事场景,雕刻画面中人物体态夸张、背景环境的细腻表现得淋漓尽致。从浮雕的内容及形象可以看出:人物体态自然、千姿百态;画中有手持兵器站立的、有头戴官帽身穿官服坐于大堂之上的、也有下跪受审者。这些人物浓眉大眼、头身比例夸张,细腻地刻画出人物的表情、神态。

栏杆主要设置在二层的廊子处，一般不做雕刻，旨在重点位置如凸出的阁楼处进行雕饰。栏杆的构造比较简单，主要由望柱、横枋及花格棂条构成。栏杆有高低两种形式，地栏杆称半栏，可供人坐息，戏场中多为低栏杆。花栏杆的棂条花格十分丰富，最简单的用竖木条做棂条，称为直档栏杆，其余常见者则有盘长、井口字、亚字、鬼背锦、万字形等，多以牡丹、蝙蝠等图案组合在一起。

撑弓和吊瓜

巴蜀地区现存的会馆，绝大部分建于清中后期，由于会馆仅为一般公共建筑，在结构上一般采用大木小式，不施斗拱。为了适应当地多雨的气候环境，一般出檐深远，以防雨水飘入。檐下多采用撑弓支撑水平挑枋。

撑弓是一种斜撑木，多数为板式或棍式，其下端落在檐柱上，上端支撑住挑枋，与挑枋共同作用支撑出挑的屋檐。撑弓有板状和柱状两种。板状表现多以浮雕手法刻花草、云纹、集合形的回纹、曲纹、器物、文字和历史故事等，风格朴实精致。而柱状则多作高浮雕或镂雕，题材多以动物和人物为主，或者是以喜剧内容和民间故事为题材，立体感很强，因而具有很强的视觉冲击力。撑弓常满身施佛金或彩画，更显华丽。如成都洛带的广东会馆、湖广会馆的撑弓就施佛金，显得高贵华丽（表4.11）。

瓜柱是在在挑枋上立的短

表4.11　会馆中各种形式的撑弓

| 宜宾滇南馆戏楼撑弓 | 复兴万寿宫戏楼撑弓 | 洛带广东会馆抱厅撑弓 |

| 重庆湖广会馆建筑群齐安公所戏楼撑弓 | 重庆湖广会馆建筑群广东公所戏楼撑弓 | 铁佛南华宫戏楼撑弓 |

柱，柱的上端置檩条，柱的下端悬空，多施雕刻，称为"吊瓜"。吊瓜的形式各异，主要为瓜果和动物。为瓜果者形状有方形、圆柱形和瓜形、花蕾形等几种基本形状，也有不同形状组合的形式；动物形状一般就是将其雕刻成某种动物的形态。

吊瓜雕刻多采用浮雕和镂雕，有简有繁。简单的仅在瓜柱垂形柱上雕刻若干纹路，复杂的在垂柱上镂空雕饰出复杂的花草人物等，也是体现匠师高超技艺的地方（表4.12）。

脊饰

脊饰主要采用灰塑和瓦塑进行装饰，灰塑的题材主要为几何条纹、文字、人物和动物等，而瓦塑脊身一般是用小青瓦直接对齐出脊身，图案也以简单的几何形体为主。正脊的中心常常有一处突出的装饰，成为"中堆"或"中墩"。有的"中堆"做成宝塔的形状，工艺较为精致，可以起到防雷、镇邪的作用；有的中堆为宝瓶，两边为灰塑或琉璃拼接的花草藤蔓等；有的则以几何形、文字和花草为题材，用灰塑或琉璃拼接而成；有的则以灰塑或陶塑神像直接作为中堆。此外，以戏剧内容和民间故事作为题材的脊饰是巴蜀会馆建筑的一大特色。

表4.12　会馆中形式不一的吊瓜

洛带广东会馆戏楼吊瓜	洛带湖广会馆大殿吊瓜	复兴万寿宫戏楼吊瓜
自贡桓侯宫厢房吊瓜	铁佛南华宫戏楼吊瓜	自贡王爷庙戏楼吊瓜

④.3　巴蜀区域内的会馆比较

4.3.1　巴蜀会馆之间之比较

4.3.1.1　移民会馆与行业会馆之比较

（1）营建规模

以"地缘"和"业缘"为基础形成的移民会馆，一般由外地大商人牵头，集合同乡移民共同集资兴建，因此，无论在经济实力还是在影响力上都强于一般的行业会馆，这种因为经济优势而形成的优越感使得他们在建造会馆时也会比行业会馆更具规模。除此之外，移居外地的商人也本着"荣耀故里"的思想，在建造会馆时也是竭尽所能。行业会馆一般由本地同行业工人建造，主要本着实用主义的原则，对会馆的建筑更多体现的是一种实现行业内部管理的平台。不同原则的出发点使得他们会馆建筑在规模上有着不同规模和形制。

移民会馆的规模通常比行业会馆的规模大，气势恢宏。移民会馆通常有两至三个院落形成，有的甚至更多。且有严格的区分主次、亲疏、尊卑。而行业会馆通常只有一个院落，主次关系也就更加弱。除此之外，移民会馆由具有商业性质，他们为了本身会馆的利益会巴结当地的官员，也由于明清时期商人地位的提高，会馆中会出现附庸风雅的痕迹，如西秦会馆中出现小庭院，其间置花草鱼虫，颇有江南园林之感。

但是，巴蜀地区一些特殊的支柱性产业，其行业会馆也会建造得富丽堂皇。例如盐业会馆，由于四川盐业经济在清末和民国抗战期间成为整个国家的经济命脉，因此四川盐产地的盐商们也以其雄厚的资本创建了辉煌的盐业建筑，如自贡、罗城、仙市、云安、大宁等，都有大量盐业建筑遗存。另外，长江、汉水沿线的船帮会馆，由于船帮从业人数多，资金投入量大，也有许

多是会馆中的精品。这些在后面还会有详细论述。

（2）建筑风格

移民会馆和行业会馆虽然都有祭祀空间，但祭祀对象性质和功能不同。如移民会馆为乡神崇拜，更多的是想通过一个共同的"神灵"来达到内心的共鸣，以求会馆一种内部的整合。而行业会馆多祭祀行业神，用以保佑行业的兴盛。不同的祭祀崇拜，所表现建筑风格就会不同。移民会馆中大多色彩明艳，雕刻装饰多饰以佛金。而行业会馆色彩则显得相对朴实。

4.3.1.2 巴蜀区域内移民会馆之比较

巴蜀地区内移民会馆除拥有一些共同的特性之外，各省移民会馆之间也存在着一定的差异。主要包括以下方面：

（1）营建规模

建筑的营建规模通常由该会馆的经济实力所决定。一般经济实力强的会馆通常规模较大，所建的会馆数量也较多，等级高，艺术成就也比较卓越。特别是四川附近州府，移民数量多的地区，其会馆规模也越大。如湖广地区，其在巴蜀地区建造的禹王宫，一般都占地较大，形式较华丽，比较典型的当属重庆的湖广

会馆（禹王宫）；而山陕两省由于商人经济实力普遍雄厚，又紧邻四川北部，形制也较高，艺术成就也更加卓越，如自贡的西秦会馆，自贡因盐业而兴，自贡的盐商中以山西、陕西的商人最为富足，因此，西秦会馆规模在川南地区可谓首屈一指。

（2）建筑风格和装饰

同为移民会馆，但各省会馆的建筑风格和特色却各异。这主要与移民地文化的差异性有关。如山陕会馆通常置斗栱，尽管此时的斗栱和北方官式建筑的承重结构式斗栱有较大的差异，但细密的如意斗栱却成了山陕会馆建筑的一大特色。再如成都洛带广东会馆沿街立面延续了客家碉楼防御性强的风格。除此之外，不同的乡神信仰和崇拜也在一定程度上决定了会馆建筑的风格的差异。供奉的神灵不同，会馆的主题就会不同，因此，在此基础上的装饰题材也就会有差异。如山陕会馆多宣扬"忠孝节义"的思想。湖广会馆多讴歌大禹治水的丰功伟绩。

（3）地形的变化导致布局的差异

虽然会馆建筑多依山就势，随地形展开布局。但有选址的种种原因，或所处地理位置的差异，从而导致很难遵循某种统一固定的形制。如洛带处于成都平原地带，因此会馆多在平地上进行，没有依山就势的地理条件。处于丘陵地带的会馆也会因为经济实力的原因导致的选址的差异性，会有些细微的差异。

从以上特点可以看出，各省移民会馆之间的差异也正是各省会馆的特色所在，所以没有优劣之分。每个省的会馆都是本土文化与移民文化融合和再生的产物。

4.3.2 巴蜀区域内会馆与其他地区会馆的比较

4.3.2.1 巴蜀会馆与其他地区会馆建筑总体之比较

（1）整体布局的差异性

环境是决定建筑布局的很重要的影响因素。由于巴蜀地区处于山区，区域内群山环抱。又由于会馆在选址上受堪舆术的影响，多择依山临水之地，因此，在整体布局上呈现出依山就势的布局方式。这种依山而建的形式几乎代表了巴蜀地区的主要形式，除了成都平原地区由于地势平坦，会馆大多建于平地之外，其他区域的会馆建筑几乎都呈现这种态势。

如重庆湖广会馆的禹王宫

上下高差达十几米，这种高差也造就会馆宏伟的气势和规模。又如尧坝古镇的慈云寺也是利用高差凸显其气势的例子。其入口就采用巨大的台阶来引导空间，进入院内之后，院坝中的巨型台阶也会给人以气势磅礴之感，不仅室外采用高差处理，连大殿内也是采用大型台阶来处理空间，可谓将台阶用到极致（图4.19，图4.20，图4.21）。除此这两例之外，其他各地的会馆也是巧妙地利用山势来布局，充分显示了建造者因地制宜的建筑思维。这种将建筑与环境巧妙的结合方式充分显示了建筑对环境的适应性，和许多"放之四海皆准"的现代建筑相比似乎更具有地域特色，更值得推崇。

和巴蜀地区的会馆建筑相比，其他地区会馆由于其地域环境的差异，呈现出不同的状态，很少出现像巴蜀地区这样依山而建的形式，大多选择平地而建造。如果说巴蜀地区是用"竖向"空间来表达进深，其他区域会馆则是用"水平"空间来铺陈序列。这种差异性除了和当地环境有关之外，也是受当地建筑的影响。如巴蜀地区的民居、书院、寺庙和其他公共建筑大多都是依山而建，这种固定的建造思维模式也是影响会馆布局的原因，不仅是对当时地理环境的一种适应，也是对建筑环境的一种极大的适应。

（2）结构方式的差异性

在建筑结构上，巴蜀地区会馆受当地民居的影响颇深。当地的民居多采用"穿斗式列子"的形式。这种结构由柱、穿枋、挂和檩组成，由柱距较密柱径较细的落地柱与短柱直接承擦，柱间不施梁而用若干穿枋联系。这种构架体系是西南地区最为常见的，其历史悠久，施工构造手法成熟。

巴蜀地区的会馆则将北方建筑中的抬梁式和当地的穿斗式两者结合。在主跨度中通常采用抬梁式。而对于穿斗式由于柱与柱的间距较小不便开门开窗，室

图4.19　慈云寺入口高差处理

图4.20　慈云寺院内高差处理

图4.21　大殿内高差处理

图4.22 开封山陕甘会馆斗栱

图4.23 解州关帝庙斗栱

图4.24 安徽亳州花戏楼

图4.25 解州关帝庙

内空间使用也不方便，因此这种方式多用于两侧山墙。但在会馆建筑中门楼或厢房等次要建筑的中缝梁架中也有使用穿斗式的，但一般多用隔柱落地或隔几柱落地，以增大室内空间。巴蜀地区由于潮湿多雨，民居多是土木结构，屋檐一般出挑较大，以防雨水对墙体的冲刷，因此，屋檐下的挑檐结构成为巴蜀民居中非常重要而且有特色的部分。巴蜀地区民居挑檐主要分为单挑出檐、双挑出檐、三挑出檐和斜撑出檐。在会馆建筑中也继承了民居中深挑屋檐的形式，在出檐结构上通常采用斜撑和挑枋结合的形式来承托挑出的屋檐。

北方地区的会馆建筑在结构上多采用官式大木作，即梁架一般采用抬梁式，出檐采用斗栱的形式。如开封山陕甘会馆、解州关帝庙等（图4.22，图4.23）。且在用材上，通常是北方建筑用材较大，建筑显得气势宏大，舒展豪放。而巴蜀地区则带有江南地域风格，用材较小，飞檐起翘，建筑显得精巧可人。

除此之外，在建筑的维护结构中，巴蜀地域以木材为主，这可能与当地盛产木材等条件有关，而其他地域中对砖的使用比较普遍，如安徽亳州的花戏楼、解州关帝庙等（图4.24，图4.25）。这可能与明代以后砖的大量普及有很大的关系。而巴蜀地区地处腹地，和其他地域相比，显得较为闭塞，从而在建筑做法、形式、材料等方面都较少的受到外部的影响，从而较多的保留了当地本土的做法，从而地域性更加浓郁，本土的技艺也更加纯熟与地道。

（3）多元建筑文化共生

"湖广填四川"的移民运动使得巴蜀地域各省会馆云集，会馆的出现不仅是经济的繁荣，也是文化的交融和共生。各省会馆在保留各地的建筑特色之余，也融合了巴蜀地域的建筑文化，除此之外，各省会馆之间也得到了广泛的交流和影响，从而形成了巴蜀地区会馆的普遍性和特殊性。

巴蜀会馆建筑有一个共同点，就是大量出现形式丰富、变化多样的封火山墙，这也成为了当地会馆建筑一种造型特色。众所周知，封火山墙这种形式源于江南地区，最初用于民居中。由于江南民居布置较为密集，当地采用封火山墙的形式来防火，逐渐也成为建筑装饰的一部分。这种封火山墙的形式通过移民运动传入了巴蜀地域，几乎所有的会馆都采用这种形式。可见封火山墙在此进行了一次广泛的交流。但是"交流"后的封火上墙也摆脱了最初的"五花山墙""三花山墙"这种经典的形式，出现了龙形、水形、人字形等各种形式，对其进行了变体与创新。其中，湖广会馆多采用龙形山墙的形式。如重庆湖广会馆建筑群中的禹王宫和齐安公所皆采用此种形式。

作为会馆建筑入口的山门也是极具特色的一部分。巴蜀地域会馆的山门通常采用混合式牌楼门和随墙式牌楼门的形式。且山门通常和戏楼采用门楼倒座的形式。尽管在形式上相似，但是在细节处却显示出不同。如湖广会馆的山门通常采用"五花山墙"式，而山陕会馆的门楼通常采用混合式，通常为多檐，且下置斗栱，繁复细密，特色鲜明。又如江西会馆通常采用随墙式，通常为五花山墙，和周围墙体形成一个类似"封火山墙"的式样。当然，这种概括只能具有普遍性。如李庄慧光寺（湖广会馆）的山门中置斗栱，颇有山陕会馆的特色。又如洛带广东会馆的入口位于建筑一侧，而将会馆的后殿做成类似碉楼的形式示人。

会馆中也有许多出现其他地域风格的做法。如许多会馆中的正殿之前都有抱厅，用于贵宾休憩、看戏。这种抱厅的顶通常为卷棚形式，在室内装修上通常采用江南一带比较盛行的"轩"的做法，且这种形式多见于民居和园林建筑中。这种做法很显然是受到了移民运动的影响，从而带入巴蜀。如西秦会馆中抱厅、成都洛带广东会馆的抱厅都采用此种形式。除此之外，还有部分会馆建筑中有客家土楼的遗风。如洛带广东会馆的入口的处理和正立面的构图，仙滩南华宫高耸的外墙和小小的窗洞（图4.26，图4.27）。这应该是对故土的一种缅怀，表现出一种客居异地而思念故土的现象。又如齐安公所的沿江立面处理也是呈现这种风格，严实的墙面仅开小窗，这种做法应该是建筑文化交融的结果（图4.28）。建筑的装饰中还有一种来源于广东、福建一带的手法，即瓷片。这种装饰手法主要运用于屋脊与封火山墙处，且广泛用于各省会馆中，亦成为当地会馆装饰独具特色的一种手法。

图4.26　洛带广东会馆沿街立面

125

图4.27　仙滩南华宫

图4.28　湖广会馆建筑群齐安公所沿江立面

4.3.2.2　湖广会馆之比较

历史上的"湖广填四川"有两次，一次是在元末明初，另一次是在明末清初，其中真正意义上的"湖广填四川"移民运动指的是明末清初的大移民。由于明末时期，四川境内连年战乱，境内人烟稀少，土地荒芜。

据康熙《四川总志（卷十）·贡赋》中显示：康熙二十四年（1685），重庆城为"督臣驻节之地，哀鸿稍集，然不过数百家；此外州县，非数十家，或十数家，更止一二家者"。永川、璧山、铜梁、定远等县"无民无赋，萧条百里"。江津"人烟断绝"，大足"止逃存一二姓"，綦江县城荒废六年无人烟。[1]任乃强先生称："至顺治七年时，蜀人大体已尽……叙、泸、重、涪、万、遵义与松、茂、雅州保宁一带，略有人迹而已"。为了使原"沃野千里"的天府之国摆脱这种困境，清政府采取宽松的政策，对大规模的移民有直接的促进作用，从而形成了"始于顺治末年、盛于康雍乾、止于嘉庆年间的移民大潮"。[2]

一般来说，湖广移民入川主要分水路和陆路两路。水路主要是溯长江而上入川，即由孝感麻城乡出发至武汉、荆州一带，沿长江而上，穿越三峡，进入重庆、川东地区，再逐渐向西迁移。陆路则是走湘川古道入川，即由湖南长沙、永州、郴州、衡阳的移民以及客家人（含广东、福建、江西三省）从湘西进入贵州，穿越黔西山区，进入川南，或翻越大巴山，进入涪陵地区，再向川中和川西迁移。[3]

移民在沿线城镇盖房，建店铺，造家庙祠堂，使当地经济得以恢复和改善。加之川江水运地位的确立，川盐贸易、米粮贸易使各地商贾云集，各地场镇也纷纷建立和增加。可以说"湖广填四川"移民运动是巴蜀再度繁荣的源点。湖广移民带去的不仅是劳动力、生产技术，更多的是兢兢业业的开拓精神和开拓之后的无限商机。

湖广会馆作为"湖广填四川"移民运动的"产物"，它具有移民性质，这种性质也是移民运动所赋予的。远离家乡的湖广人迁移异地，开荒垦地，经商贸易，环境的陌生感，为寻求内心的归属感和慰藉思乡之情，增强同乡情谊，以原籍地缘关系为纽带，组成了民间"互助"组织——会馆，从而形成了特定历史条件下四川的移民社会形态。由于巴蜀地区的湖广会馆是在特定历史时期特定人文地理环境下产生的，因此较之其他地区的湖广会馆有着差异，有自己独特的风格与特点。

（1）湖广会馆名称众多

由于会馆是集宗族文化与宗教文化为一体，不同会馆有不同的乡神崇拜。湖广会馆祭祀大禹，通常亦被称为禹王宫、禹王庙。这与传说中的"禹王疏九州使民得陆处"相关，加之

［1］康熙《四川总志（卷十）》·贡赋
［2］孙晓芬.清代前期的移民填四川[M].成都：四川大学出版社，1997
［3］孙晓芬.明清的江西湖广人与四川[M].成都：四川大学出版社，2005

两湖连年水患，故有借禹王之威来镇邪之意。这部分主要是省级会馆，还有部分是地区级别的会馆，黄州作为湖广的交通要道，黄州麻城是明清时湖广填四川最主要的移民集散地，因此黄州移民在外地建造的会馆最多，名称也最繁杂，如黄州会馆、帝主庙、帝主宫、禹帝宫、护国宫等。

黄州会馆之所以又称护国宫、帝主宫，主要是由于曾经供奉的圣人和先贤——帝主（又称福主）。帝主在历史上确有其人。《麻城县志》（光绪八年刻本）载："旧志福主神，宋时西蜀璧山县张氏，行七，世称张七相公。其先人官大理评事，母杨夫人，崇敬三宝，喜施济，因是诞神。神生三月能言，七岁通诗文，尤好元理。有神人见而谓之曰：此子有夙因，应以童身证道显法。於楚年十七历游至麻城，见民间多淫祠，尽毁之。祠主诉官，系狱三年。值狱中火灾，神自知厄满，当出使自邑令，以能襄解释之。跨乌骓，执朱梃指火，火灭。遂西行至相公桥，人马飞升，望者见其止於五脑山，遂立庙山麓以祀之。岁苦旱潦祀之必应，民有疾厄祀之必痊，湖山险阻呼之必安，嗣续艰难祷之必吉。远近朝揭者无虚日。宋封紫微候，明封助国顺天王。国朝嘉庆敕加封灵感二字。凡麻城之都门会馆，暨渝城、宜昌、沙市、汉口，所在城镇，会馆皆以福主为祀。"帝主（福主）成了人们追求美好幸福生活的代名词。现在位于麻城五脑山上的帝主宫树木葱茏、香火旺盛，全国诸如四川、云南、贵州、台湾等地的善男信女，都不远万里到五脑山帝主宫朝拜。

黄州古为湖广行省州府，即黄州府，而黄州府曾叫过永安郡、齐安郡，因此，湖北黄州府商人修建的会馆有时也以齐安为名，如重庆湖广会馆中的齐安公所。鄂州在明清时期也曾为湖广州府，因此各地也有不少以鄂州为名的会馆，如十堰黄龙镇的鄂州驿馆。还有部分禹王宫由于如今作为宗教建筑，因此隐去过去的名字，而采用宗教建筑的名字，如宜宾李庄的慧光寺，重庆龙兴古镇的龙兴寺（表4.13）。

（2）数量较多，分布广泛

通常情况下，会馆的分布与入川移民的分布及数量是密切相关的。据统计全川共有明清省级移民地名1038个（含山东、青海、河北各1个），湖广籍有832个（都含明代移民地名）占整个省籍贯

表4.13　湖广会馆名称一览表

类　型	名　称	实　例
省级		
	禹王宫	重庆潼南双江禹王宫
	湖广会馆/湖广馆	成都洛带会馆
	湖北馆	长沙湖北馆
	黑虎观	夹江的湖北会馆
	靖江庙	江津的湖广人会馆
	紫竹庵	贵阳的湖广人会馆
地方		
	黄州会馆	大昌古镇黄州会馆
	帝主宫/庙	四川三台郪江帝主庙
	护国宫	旬阳蜀河护国宫
	三圣宫	大竹的湖北黄州人会馆
	福国寺	昆明黄州麻城会馆
	齐安公所	重庆湖广会馆建筑群齐安公所
	武昌馆	陕西漫川关武昌馆
	真武宫/常澧会馆	开县湖南常德、澧州人会馆
	郴州馆	新都、安线和叙府的湖南郴州人会馆
	三楚宫/三楚公所	邛崃三楚公所、巧家县三楚宫
	威灵宫	梁山县黄州人会馆
	玉皇宫	梁山县常德人会馆
	长沙庙	云阳的湖北长沙县人会馆
	威远宫	乐至的湖广靖州人会馆
	衡永宝馆	云阳的湖广衡州、永州、宝庆府人会馆
	衡州会馆	泸县的湖广衡州人会馆
其他（与宗教相关）		
	龙兴寺	重庆龙兴古镇龙兴寺
	慧光寺	宜宾李庄慧光寺

移民地名总数的80.15%。[1]清康熙、乾嘉时期会馆盛行，可谓"城城必有，且每县（镇）不止一座，以湖广会馆、广东会馆居多"。四川境内的1400余所会馆中，湖广会馆数量最多，共477所，占会馆总数的34.07%。这些会馆主要分布在以下几个区域：川东以重庆为中心长江水系区，川西以成都为中心的成都平原地区，川南以犍为、自贡、宜宾为中心的区域，川北以阆中、南充、达州为中心的地区。究其原因，川东的重庆是长江上最主要的交通枢纽，亦是湖广移民沿长江水路入川的必经之地；川西的成都一直是四川的政治中心，是移民的主要迁入

[1]　黄权生, 杨光华. 四川移民地名与"湖广填四川"：四川移民地名空间分布与移民的省籍比例探讨[J]. 西南师范大学学报(人文社会科学版), 2005(3): 111-118

区；川南的犍为、自贡、宜宾，由于其物产丰富、商业繁荣，依靠着沱江和岷江便利的交通，吸引了大量的移民和商人前来；川北大部分地区与陕西接壤，有大量来自陕西的移民。[1] 这么大规模的湖广会馆的建造现象在别的省份和区域是没有的，这也充分说明了"湖广填四川"移民运动的影响之深、辐射范围之广。下表介绍了一部分现存的湖广会馆情况（表4.14）。

（3）因地制宜的建筑形制与空间

巴蜀地区地处秦岭、武陵山脉、横断山、五莲峰环抱中，可谓群山环绕。地理位置特殊，巴蜀地区的建筑都体现出山地建筑的特色。在坡地中，单体建筑多采用"吊脚楼"的形式，群体建筑则随地势的高低起伏而布置，布局灵活，层次丰富，会馆建筑也不例外。

会馆通常由酬神唱戏之所——戏楼和祭祀乡神的之处——拜殿两大主体建筑和其他辅助用房，以院落组织空间、以群体形式布局。而地处巴蜀地区的会馆则将这种布局形式与山势完美结合，形成独特的建筑空间层次，也给置身其中的人一种节节升高的心理感受。如位于重庆东水门内的禹王宫就是面向长江，依山而建，上下高差达十余米，整个建筑群和山势完美结合，建筑借助于山体来烘托出恢弘的气势和居高临下的地位，从而达到一种凌驾于其他建筑之上的优越感。位于龙兴古镇的禹王宫也是随山势而展开，其地势较重庆湖广会馆略显平坦，但逐级上升的感觉犹在。而地处湖广地区的湖广会馆则通常是在平地上展开布局。

除此之外，由于山地特殊地形的限制，巴蜀地区的建筑群通常无法在横向上拓展空间，而主要在纵向上表达建筑的层次与变化。因此，通常只有一条轴线，轴线上依次分布着戏楼、院正殿、后殿，两侧辅于厢房和耳房连接主体建筑，从而组成院落式空间。在其他地区，如地势平缓，空间开阔之地，多采用多轴线的布局形式。如成都以东的平原地带东山地区的洛带古镇的湖广会馆，则采用的是双层轴线（主轴线和次轴线）的布局方式，从而形成三个院落的格局。

（4）独有的造型设计

牌楼

牌楼为湖广会馆特色之一，

---

[1] 崔陇鹏，黄旭升.清代巴蜀会馆戏场建筑探析[J].四川建筑,2009（2）

表4.14

类型	名称	实例	图片
		省级性质	
	湖广会馆		
		重庆湖广会馆 位于重庆市东水门城门内，现存湖广会馆建筑为道光二十六年（1846）重建，并于2004年对湖广建筑群进行修复。禹王宫依山而建，面对长江。依轴线对称布局，中轴线上依次为戏楼、抱厅、正殿、戏楼和后殿，左右各有厢房和耳房等辅助性建筑。建筑规模宏大，装修精美讲究。建筑北山墙围绕，南部另一会馆——齐安公所毗邻。禹王宫、齐安公所和广东会馆组成了气势恢宏的湖广会馆建筑群	
		成都洛带湖广会馆 建于清乾隆十一年(1746)，湖广籍移民修建。会馆现存两殿两院，最特别的是会馆前院天井。会馆现存两殿两院，最特别的是会馆前院天井	
	禹王宫/庙		
		重庆潼南双江禹王宫 禹王宫坐落于双江镇北街，始建于清初。占地面积2 216平方米，建筑面积2 556平方米。庭院长22米，宽16米，面积达350平方米，可容上千人看戏。禹王宫戏楼建造考究，戏楼为歇山顶，飞檐翘起，屋顶过去为琉璃筒瓦，现在改为素筒瓦。禹王宫保存基本完好，现为潼南双江镇小学	

类型	名称	实例	图片
		金堂土桥镇湖广会馆 原名禹庙,始建于清乾隆二十一年 (1756),是湖南移民为联络友谊、防人欺凌所建。整个建筑雕梁画栋,金碧辉煌,中央占地面积约3000平方米,建筑面积1 921.45平方米,此宫尤以木雕和壁画见长。现存的建筑由牌坊、戏台、正殿组成	
		恩施晓关禹王宫 晓关禹王宫位于晓关镇老街上,现仅存山门、戏楼。附近还有万寿宫,曾是江西会馆	
		重庆江北鱼嘴禹王宫 位于重庆江北鱼嘴,始建年代不详,曾作为粮库。规模较大的是禹王庙有一座戏台,场镇上组建有业余川戏班,常年唱戏演出,文化生活活跃。禹王庙内有铜钟、锡匾、黄荆梁、峡石栏栅,号称"镇殿四宝",尤以粗壮的黄荆梁灌木作屋梁为奇	

类型	名称	实例	图片
		河南荆紫关禹王宫 又名玉皇宫，为湖南湖北会馆，紧挨山陕会馆，坐东向西，清代建筑，供奉禹王作为乡神，以精美的石雕著称。现存建筑分别为前宫、中宫、后宫三部分。如今已改为学校，除了临街的前宫还保留着当年的模样，其余的部分建筑物的内外有较大的改动	
		贵州石阡禹王宫 石阡禹王宫始建于明万历十六年（1588），为湖广会馆，位于汤山镇万寿社区，与万寿宫相邻，面积1300平方米，由山门、戏楼、两厢、正殿、后殿、钟鼓楼及斗砖所砌封火墙等建筑组成。新中国成立后，它被作为粮仓而幸存。它和万寿宫一起见证了石阡在明朝资本主义萌芽时期，作为中国商旅的第二阶梯——万里茶道上的商业物资集散地的繁华与辉煌。2001年，它作为万寿宫故建筑群的一部分，被国务院公布为全国重点文物保护单位	
		重庆北碚偏岩禹王庙 位于重庆北碚偏岩，现存的禹王宫由戏楼和正殿组成。正殿为一纵向木穿斗大堂式建筑，灰瓦粉墙，朴素大方。堂内曾供禹王牌位与塑像。禹王宫前是一古色古香的戏台，戏台上层空间开敞，四周梁柱间饰以雕刻精美的古代戏剧图案，戏台下为暗层，专供杂勤之用	

133

类型	名称	实例	图片
	禹帝宫／庙		
		屏山禹帝宫 位于屏山龙华古镇正街南面。建于清乾隆三十三年（1758），乾隆五十年（1785）建戏楼。总面积1870平方米，曾由龙华粮店使用	
		内江市资中县铁佛镇禹王宫 位于内江市资中县铁佛镇，具体建造年代不详。仅留大殿部分，山门、戏台、厢房等已不可见，殿内结构依然可见，现为茶馆	
地方性质			
	黄州会馆		
		襄樊樊城黄州会馆 又名黄州书院，位于樊城火巷口，始建于清朝鼎盛时期，重建于清同治八年（1869）。现存建筑仅为一组三进四合院，占地约950平方米。它是至今保留较完整的一处本省人修建的会馆，也是一座神庙与会馆相结合的建筑群。清嘉庆、道光年间会馆事业十分兴隆，据碑文记载，黄州会馆当时有义地八亩。清末民初会馆办义学，黄州会馆改为黄州书院	

类型	名称	实例	图片
﹐	护国宫	**湖北十堰黄龙镇黄州会馆** 该会馆建于清咸丰七年（1875），是清代黄州巴县来十堰经商的同乡会组织集资兴建而成的。房屋梁架为穿斗结构	
		旬阳蜀河护国宫 位于陕西安康市旬阳县蜀河镇的黄州馆，是黄州客商聚议、祭祀之所。整个布局以中轴线为中心，自北向南，作阶梯式上升，左右对称，层次分明，是传统的宫殿式建筑格局。它由门楼、戏楼、拜殿、正殿等四座主要建筑组成	
	齐安公所	**重庆湖广会馆建筑群齐安公所** 亦称黄州会馆，位于下洪学巷44号，湖广会馆建筑群内。是在湖广会馆会首支持下由湖北黄州府商人修建的会馆。初建于嘉庆二十二年（1817），光绪十五年（1889）重建。现状建筑遗存为两进合院，高墙围合，主体建筑呈"凸"字形，布局依中轴线排列，由下往上依次为戏楼、看厅、抱厅、大殿	

类型	名称	实例	图片
	帝主宫／庙		
		四川三台郪江帝主庙 位于屏山龙华古镇正街南面。建于清乾隆三十三年（1758），乾隆五十年（1785）建戏楼。总面积1870平方米，曾有龙华粮店使用。禹帝宫呈中轴线对称布局，轴线上依次为：山门、戏楼、前殿和后殿。殿前配以厢房构成前后两个四合院	
		湖北麻城帝主宫 位于麻城西北四公里处的五脑山。帝主宫始建于宋，现在庙观系清嘉庆丙辰年（1796）重修，建筑群分为一亭、二门、三宫、四殿，气势磅礴，环境清幽	
		重庆大昌古镇帝主宫 亦称黄州会馆，位于重庆市巫山县大昌古镇东街，修建于光绪十三年（1887）。帝王宫现为一大一小两井院并列组成，现存的会馆戏楼由主次两组井院，通过廊横相联系。主轴线上依次布置着前殿、天井和正殿。西侧轴线依次有前厅、天井和后厅	
	武昌会馆		
		陕西漫川关武昌馆 由湖北武汉一带商贾集资修建，始建于明成祖年间，后在清康熙、咸丰、同治和光绪年间多次增修。 该馆坐东朝西，位于骡帮会馆南侧，原有广场，建有戏楼，占地面积2460平方米。会馆后殿三间是忠烈宫，供奉为明朝打天下以身殉国的忠烈。"忠烈宫"石匾至今保存完好。中有天井，两侧为商客住所8间，前厅两侧为耳房。前门楼高三丈有余，门顶高悬镂空龙纹大石匾，"武昌会馆"四个鎏金大字十分醒目，门口两侧一对大石鼓	

类型	名称	实例	图片
		其他（与宗教有关）	
		重庆龙兴古镇龙兴寺 龙兴禹王宫始建于清乾隆二十四年（1759），嘉庆九年（1804）、道光二十五年（1845），及至光绪年间都先后进行过培修。新中国成立后禹王庙作为龙兴区公所，得到了较好的保护。 龙兴禹王庙地势平坦，为四合院布局，坐北朝南，按中轴线布局建造。现保留下来的建筑面积有1500余平方米。禹王宫为三进院落，四周为高耸的封火山墙。分为大山门、戏楼、庭院、耳房、牌楼、中庭院、正殿、后庭院、后殿。正殿、后殿已毁，现在供奉禹王的正殿是后来新建	
		宜宾李庄慧光寺 四川省宜宾李庄镇中心，建于清道光十一年（1831），坐南朝北，由一主一次两个四合院构成，建筑面积2200平方米，主院有山门、戏楼、正殿、后殿、魁星阁及厢房等建筑，其山门、戏楼均为重檐歇山式顶，檐下饰如意斗栱，整个建筑气势恢宏	

137

一般位于戏楼与正厅之间，作为正殿的前序。牌楼多由六柱形成五开间，明间最大。屋顶多为歇山，且错落有致，明间最高，次间、稍间逐级跌落，从而形成阶梯状，和"五花山墙"形式类似。明间檐下多置牌匾。也有将这种跌落式屋顶形式置于入口处的，如宜宾李庄慧光寺（亦为禹王宫）的入口（如图4.29、图4.30、图4.31）。

图4.29　重庆禹王宫牌楼　　　　图4.30　龙兴古镇禹王宫牌楼　　　　图4.31　李庄慧光寺入口

斗栱

湖广会馆斗栱多置于牌楼下或入口处。一般用材细小，数量较多，下昂繁复。此时的斗栱已无结构作用，仅作装饰，是典型的清前期的建筑风格。湖广会馆建筑群禹王宫牌楼龙头斗栱即为最好的实例，斗栱为九踩四下昂，昂头施金色，雕成龙头状。和四周的山墙一同，取"猛龙入江"之意。

（5）独特的装饰艺术

雕刻

湖广会馆的雕刻多以"水"为主题，不仅表现大禹治水的功勋，亦突出湖广移民对故土思恋之情（湖广湖泊众多，水系发达）。如重庆龙兴古镇龙兴寺禹王宫中戏楼栏板的雕刻就多以水来表现（如图4.32）。

在许多湖广会馆中也有表现对本源文化的认同感。如齐安公所戏楼额枋下有一副以唐代著名诗人杜牧的七绝《清明》"清明时节雨纷纷，路上行人欲断魂。借问酒家何处有，牧童遥指杏花村"描写的意境为雕刻的图案。杏花村古时隶属于麻城孝感乡，麻城孝感乡为著名的移民集散地，而齐安公所则为湖北黄州棉花帮的行业会馆，"杏花村"的雕刻图案不仅变现了移民者对故土的思恋之情，更表达了对本源文化的探求与赞誉。又如其戏楼下龙头角梁上雕有一只金光熠熠、神态生动、展翅欲飞的凤凰，在陕西旬阳蜀河的护国宫中的戏楼中也雕有一只凤凰。纵观大多会馆，大多以龙作为雕饰，以凤的则很罕见。追其缘由，凤为楚人崇拜的图

图4.32 龙兴古镇禹王宫雕刻

腾，戏楼上雕有凤凰表达出对家乡图腾的一种尊崇。除此之外，在戏楼边的耳房的栏板上雕有"二十四孝"图，包括"孝感动天""卖身葬父""黄香暖被""孟宗哭竹""扼虎救父"等中国古代广为流传的历史故事。其中董永"卖身葬父"、黄香的"衫衾温被"、孟宗的"哭竹生笋"的故事都发生在古时的孝昌，后因孝子感动天地的故事而将孝昌改名为"孝感"，并沿用至今。这些雕刻不仅表达了对传统孝文化的传承和推崇，且通过对移民乡"孝感"的唤起表达了对家乡的思恋和家乡文化的赞誉与认同。

书法楹联

湖广会馆中的楹联多用来讴歌大禹治水的丰功伟绩和湖广移民对故土的思乡之情。如重庆湖广会馆建筑群的禹王宫大门有联："三江既奠，九州攸同"，又如洛带湖广会馆的正中大门的

方形石柱上刻有"传子即传贤，天下为公同尧舜；治国先治水，山川永奠重湖湘"，旨在讴歌大禹的丰功伟绩，立意与建筑群相呼应。又如洛带湖广会馆正殿有联："看大江东去穿洞庭出鄂渚水天同一色纪功原是故乡梦；策匹马西来寻石纽问涂山圣迹几千里望古应知明月远。"此联表达了湖广移民对故土的思恋之情。

作为"湖广填四川"移民运动的物质产物的湖广会馆在建筑形制、空间、造型、装饰等方面都有自己独特的风格。这些风格和特色不仅体现出移民者对移出地——故土的留恋与热爱，同时也表现出移民者对新的环境——巴蜀地区的接受和适应。可以说，湖广会馆建筑是本土文化与外来移民文化相结合的产物。

4.3.2.3 山陕会馆之比较

对山陕会馆的研究，先要从

对关羽的崇拜说起。对关羽的崇拜历来已久，早在宋朝，朝廷就对关羽进行册封，关帝信仰进入佛教、道教体系，并在清代发展到顶峰。宋真宗时，以关羽为主祀的关圣庙出现。至明末，关羽成为武庙的主神，与孔子的文庙并祀。明朝万历年间，关羽被明神宗封为"协天大帝""义烈真君""三界伏魔大帝神威远镇天尊""关圣帝君"。关羽的"忠""义""仁""勇"得到历代皇帝的推崇。同时，关羽"学尊孔孟，志在春秋，固儒教之圣人也"。清康熙四年，尊关羽为父子，与孔子并称。雍正八年，追封关羽为"武圣"，以关羽为主祀的武庙（关帝庙）与孔子的文庙并列，合称文武庙，属于北方官式建筑的范畴。

在山陕会馆出现之前，祭祀关羽的公共建筑都以庙的形式出现，而山陕会馆的出现，则将对关羽的崇拜与会馆这种形式融合在一起，在建筑形式上也基本沿用关帝庙的形制。如开封的山陕甘会馆、河南社旗的山陕会馆和山东聊城的山陕会馆的基本形式和山西解州的关帝庙如出一辙。

北方山陕会馆属于北方建筑系列，更接近本源文化，而巴蜀地区会馆地处移民杂居城市，建筑风格为南北风格与巴蜀地域形式相结合，具有明显的地域"杂交"特征。将北方的山陕会馆与巴蜀地区的会馆进行比较，更容易分清何为"源"，何为"流"。

（1）平面布局

北方山陕会馆与巴蜀地区的山陕会馆虽然都采用院落组织空间，都有戏院空间和祭祀空间，但侧重点各有不同。北方山陕会馆在建筑平面布局上有官式庙宇建筑的遗风。建筑的入口通常也采用院落式，使整个会馆比较封闭。而巴蜀地区通常采用的是比较直接的山门形式，更具开放性。

北方建筑的戏楼两侧通常有钟楼和鼓楼，东侧为钟楼，西侧为鼓楼，所谓"晨钟暮鼓"。（图4.33、图4.34）二者在平面形式上相同，平面呈正方形，通常面阔和进深为一间。巴蜀地区的山陕会馆没有明确的钟鼓楼，而是在厢房中采用中间一间向外突出一进，而形成"意化"的形式，如自贡西秦会馆的金镛阁和抱贲楼。北方山陕会馆的最后一间通常会有春秋楼，多为两层，通常采用重檐歇山式。如河南社旗的山陕会馆、周口关帝庙和开封山陕甘会馆都设有春秋楼（图4.35、图4.36、图4.37）。

（2）空间特色

入口空间

北方地区的山陕会馆的入口前

图4.33 解州关帝庙钟楼

图4.34 解州关帝庙鼓楼

图4.35 河南社旗山陕会馆春秋楼

图4.36 周口关帝庙春秋楼

图4.37 开封山陕甘会馆春秋楼

方通常采用照壁,山门、院落和翼门的形式。这种入口形式和北方官式建筑的庙宇形式极为吻合。中国古代北方的宗教建筑地位较高,建筑布局也比颇具规格。山门通常有照壁、山门,有的形制较高在照壁前还采用牌楼的形式。山门与主体建筑之间也通过院落来组织,此院落中通常有左右翼门。由于山陕会馆脱胎于武庙,武庙形制较高,在古代和文庙地位相同,备受尊崇,属于官式建筑,等级较高,建筑规格较高。北方的山陕会馆则沿用了这种官式建筑做法的形式。在入口空间也延续了官式建筑的做法。入口空间层次感强,增加了建筑的仪式性,也使建筑更加封闭,使会馆内外有别。除此之外,这种做法适应了北方的气候特点,外部风沙不易进入馆内。这种入口的处理有利于增强会馆的威严感,也凸显出民众对关羽的尊崇(图4.38)。

巴蜀地区的山陕会馆的入口主要采用门楼倒座的形式,山门和戏楼通常采用立贴式,即进入山门即抵达戏楼的底层空间。人

141

图4.38 解州关帝庙入口

图4.39 开封山陕甘会馆牌楼

们进入大门即进入会馆的内部，且会馆底层空间通常比较低矮，人们先通过低矮的空间，在底层的空间里便可看见会馆的院落，从而达到一种欲扬先抑的空间感受。这种处理可能与会馆的选址有关，巴蜀地区的会馆在选址上受堪舆术的影响，通常依山而建，且大多见于城镇和场镇的商业中心，通常面临街道。这样的选址特色在一定程度影响了会馆建筑的纵向进深。其次，移居客地的山陕会馆的修建受到祠堂、家庙或其他移民会馆的影响，提高了对市民的开放度，增加了亲切感，因此省去了入口的前导空间，从而采取这种更为直接的入口形式，提高了市民的参与度。

正厅的前导空间

北方山陕会馆通常建于平地，院落空间通常比较宽敞开阔。这也符合北方官式建筑的特色，显得威严庄重。在正厅前

通常有牌坊，多为三开间（图4.39），装饰华丽，雕刻精美。这种布局通常增加了正厅空间的层次感，牌楼为进入祭祀空间的一种标志和引导。巴蜀地区的山陕会馆通常不设牌楼。一来是因为空间的限制，二来则是应为巴蜀地区的山陕会馆通常依山就势，院落空间与正厅之间高差较大，其间有台阶相连。相当于正厅置于高台地上，庄严感和敬畏感油然而生。而台阶的布置也增加了这种正厅空间的前导性。

北方山陕会馆的空间通常延续北方官式建筑的特色，空间序列感较强，这种空间的层次主要体现在水平空间里。而巴蜀地区的山陕会馆则主要顺应地形，空间序列主要体现在垂直空间上。

（3）结构形式

梁架系统

北方建筑梁架结构多采用抬梁式，一般由柱上置梁，梁上承

142

檩，檩上铺椽子，从而形成整个屋面的梁架系统。这样的梁架系统通常用材较大，空间高敞，建筑体量较大。而巴蜀地区会馆则多结合当地民居穿斗式结构的做法，通常采用抬梁式与穿斗式结合的做法。通常在正殿中的主要梁架采用抬梁式，两山墙位置使用穿斗式。

斗栱

北方会馆外檐出挑方式属于典型的北方形式，斗栱为承重构件。斗栱通常置于大殿和牌楼门下方。斗栱在巴蜀地区比较少见，一般屋檐的出挑都采用挑枋与撑弓结合的方式来支撑，仅于大殿中出现斗栱。此时的斗栱用材较小，且细密繁复，装饰性强，没有结构作用。

（4）造型与装饰

屋顶造型

北方的山陕会馆建筑的屋顶曲线平缓、屋角庄重，建筑整体舒展。如开封的山陕甘会馆、河南社旗山陕会馆，建筑屋檐大多平缓，有明显官式建筑的遗风。地处巴蜀地区的自贡西秦会馆则呈现的是另外一番景致。其门楼为歇山式屋顶，屋顶下左右突出两列翼角，凡三层共八角，轻盈飞扬，宛如一队人字形飞雁群。整个门楼与献祭、大观、福海诸楼背靠背组合，形成檐角如林、挺拔高昂、金碧辉煌、抑扬顿挫

的奇谲形象，具有飞扬的动势。

封火山墙

巴蜀地区会馆通常采用封火山墙的形式将建筑群环绕，封火山墙成为巴蜀地区会馆建筑的标志性之一。且封火山墙形式不一，根据屋顶形式不同形成各种不同的组合形式。且山墙也是装饰的重点，通常采用泥塑、灰塑和绘画。而北方山陕会馆则很少用封火山墙围绕，大多选择用普通砖墙包围，很少采用装饰。

雕刻艺术

在雕刻方式上，北方山陕会馆通常集石雕、砖雕和木雕为一身，技艺高超。会馆的照壁通常为砖砌，因此照壁就成为砖雕的重点部位。砖雕也是北方山陕建筑中比较惯用的方式，其雕刻题材多采用龙纹，如河南社旗山陕会馆的照壁为琉璃照壁，仿北京故宫九龙壁修建，由彩釉陶瓷大方砖砌成（图4.40）。壁面豪华，构图巧妙，遍制浮雕。又如解州关帝庙的照壁亦为琉璃砖砌成，其上雕有数条形态各异的龙、兽、人物和花草等，技艺高超，繁复华丽（图4.41）。除此之外，木雕和石雕也是遍布建筑，可谓无木不雕，无石不刻，无处不用其极，木雕多用于檐下，从檐枋到雀替无处不雕，且技艺精湛，令世人称赞。巴蜀地区的雕刻主要采用木雕和石

图4.40　社旗山陕会馆照壁雕刻

图4.41　解州关帝庙照壁雕刻

雕，砖雕比较少见，且象上述的琉璃砖雕就更是罕见。这充分地说明了北方会馆的建筑形制较高，用材和装饰技法也会更加成熟。巴蜀地区的木雕主要集中在戏楼的栏板等处，石雕主要集中在柱础等位置。

巴蜀地区的山陕会馆和北方山陕会馆虽然同出一源，都属于北方派系，北方山陕会馆更多的延续官式建筑的风格，而身处巴蜀地区的山陕会馆，许多建筑细部又受到当地建造手法和民间工艺、当地材料的影响。

4.3.2.4　江西会馆之比较

"湖广填四川"移民运动的移民者也有来自江西的移民者，在迁徙的过程中一部分江西移民选择在湖广定居，有些则继续西行到了四川、陕南等地。这些江西籍的移民地建造祠堂、会馆，一则缅怀故土，二则增加同乡情谊，以抒桑梓之情。因此，在湖广地区和川地都曾经建有许多江西会馆，至今仍留存一部分。据

统计，在四川境内的1400余所的会馆中，江西会馆320个，占总数的22%，仅次于湖广会馆，成为移民会馆中第二多的同乡会馆。

湖广地区的江西会馆与巴蜀地区江西会馆同源，但随着移民的不断西行，江西会馆在建筑中呈现出差异性，从而可知巴蜀地区的建筑环境、地理环境对江西会馆的影响。现就湖广地区的江西会馆与巴蜀地区的江西会馆进行比较，以示差异性。

江西会馆与湖广会馆由于具有相同的"移民特征"，在许多方面都具有很大的相似性，这种相似性也正说明其移民路线的"交融性"。如湖广会馆在川的数量位居第一，而江西会馆紧随其后；湖广会馆与江西会馆在称谓的数量和种类上也是不相上下。

（1）数量较多，分布较广

从全川的移民会馆的总数及各省级会馆的比例，可见江西会馆位居第二位，这反映了江西籍人在川

的数量较多，财力状态较好。

会馆的建立与移民的地理分布大体成正比。在川东、川西、川北和川南各地皆有江西籍人建立的会馆。特别在川西平原，在川东、川南和川北的平坝江河流域，人口较多，商贸繁荣，江西移民多，其会馆也多。而在矿山开矿之地，也是移民劳动力的聚会之地，会馆也相应建得多。

江西籍移民在川的会馆称谓多。省级的称之为"万寿宫""江西庙""旌阳宫""轩辕宫""真君宫"，有的还称"九皇宫""五显庙"。府、县人民建的赣籍会馆称为更多，据南昌大学历史系教授万芳珍述及的以府为单位的会馆称谓，如吉安府人民的"文公祠""五侯祠"，南昌府人民的"洪都府""豫章公馆"，抚州府、临江府人民的"昭武公所""萧公庙""萧君祠""晏公庙""三宁（灵）祠""仁寿宫"等，还有各县人民的如"泰和会馆""安福会馆"（表4.15）。

表4.15　江西会馆名称一览表

类　　型	名　　称	实　　例
省级		
	万寿宫	龙潭万寿宫
	江西会馆/江西庙	洛带江西会馆
	旌阳宫/祠	贵阳旌阳祠
	轩辕宫	
	真君宫/庙	什邡县真君庙
	九皇宫	
	五显庙	
	靖江庙	
	紫竹庵	
地方		
	临江公所	南充县的江西籍人会馆
	抚州馆	泸县、叙府、屏山县的江西抚州人会馆
	萧公祠	云南新平的江西人会馆
	昭武公所/馆/宫	梁山县昭武宫
	晏公庙	秀山萧公晏公庙
	三宁（灵）祠	
	仁寿宫	贵州黄平州仁寿宫
	南昌会馆	
	洪都祠	南充县的江西会馆分馆
	二忠祠	云南永昌的江西吉安会馆
	江右会馆	顺宁县江右会馆
	文公祠	
	五侯祠	
	泰和会馆	
	安福会馆	

（2）建筑造型特色

山门

江西会馆的山门多做成随墙式，多为三门形式，主入口位于正中央，这可能起源于江西南昌西山万寿宫的牌楼。江西南昌西山万寿宫是纪念许真君而修建的一座宫殿，亦是最早的万寿宫，所以江西会馆的雏形源于此庙。西山万寿宫的入口采用牌楼等一系列序列空间。

戏楼

巴蜀地区江西会馆戏楼通常檐口平缓，不及其他会馆檐口高翘。且通常饿脊较长，正脊山墙两侧收山明显，整体稳重端庄。且建筑用材较大，柱子较粗壮，撑弓直径较大。如复兴古镇的万寿宫、尧坝古镇江西会馆的戏楼（图4.42、图4.43）。但位

图4.42 复兴古镇万寿宫戏楼

图4.43 尧坝古镇万寿宫戏楼

图4.44 凤凰古镇江西会馆戏楼

于凤凰的江西会馆戏楼则檐口起翘较高，且檐口下施装饰斗栱，这是巴蜀地区会馆不曾见到的（图4.44）。

（3）装饰特点

书法楹联

在江西会馆中书法楹联的运用也是比较常见的。这些书法楹联多用于赞颂许真君的忠孝事迹和思念故乡。如重庆市江津仁陀镇真武场万寿宫大门有联"玉诏须来万古常留忠孝，金册渡出戍家都是神仙"。这是一幅对仗工整、寓意深刻，令人玩味无穷的楹联。这是一幅褒扬许真君生平忠孝事迹和其道教思想的对联。又如重庆彭水县万足乡万寿宫有联"蜀地荐馨香看梯滩春水高海宵灯太极烟云长岗风月十二盘灵秀独钟愿骑竹马飞来福庇乡人居乐土，吴江留恺泽忆瑞阳古柏星渚奇松灌城铁柱西郡先锋千万载神功永懋笑指孽龙消尽名垂庙貌状家山"。又如洛带江西会馆大门柱木刻楹联语："日出东山看洛带楼台四面桃花映绿水闻鸡犬吠牛马喧此地恰似武陵胜地，客来南海兴江西会馆八方贤达话青菜喜花果密道麦香这里依稀蓬莱仙家"。此联楹联是今人新刻

的，内容既是赞美中国西部客家第一镇——洛带的恰似昔日武陵胜地、今日蓬莱仙家之美景，也表达了对故土之眷恋。

色彩

巴蜀地区江西会馆建筑色彩一般较典雅，一般很少施金。多为黑色、红色，建筑朴实庄重。但凤凰万寿宫在色彩上则较为明亮，多为红色，戏楼底部的斗栱施蓝色。

4.3.3　会馆与当地民居、公建的比较

会馆建筑作为明清时期一种新的建筑形制，其形制源于"祠堂"，其内涵是血缘宗族文化的扩大与演变；深受当地"民居"影响，却实为公共建筑的内核；与书院同为公共建筑，却为不同的精神追求所支配。因此会馆与祠堂、民居、书院有同有异，本节将着重对会馆建筑与民居、祠堂家庙、书院等建筑进行比较，以示会馆在建筑形制、风格等各方面的特点，并着意发掘支配其不同特色的本质。

4.3.3.1　与当地民居建筑之比较

会馆建筑作为公共建筑，在性质和功能上有着很大的差异，但是会馆建筑作为明清时期发展起来的一种"新兴"公共建筑，在适应巴蜀地区环境方面也借鉴了许多当地民居的做法。由于会馆和民居在建筑性质的区别，这里主要比较会馆建筑与民居的相同影响的关系，侧重点在于"同"。

（1）平面布局

会馆建筑的通常布局是用院落来组织空间，少则一个，多则三四个。通常院落的尺度比较大，这是由它的功能决定的，从而满足观戏的需求。但是在会馆建筑中也会出现民居建筑中的天井，当然，它当时不作观戏所用，通常位于殿与耳房之间。如成都洛带江西会馆中的后殿与左右耳房就有两个小天井，尺度小巧可人。又如仙滩的南华宫和天上宫也发现了小天井，尺寸较洛带江西会馆更加小巧。

（2）结构

巴蜀地区的民居建筑通常活泼自由，没有固定的法式。通常采用穿斗式，用柱直接承檩，用穿枋连接柱子，共同组成屋架。这种结构在平面上的柱网虽然不及抬梁式结构的空间开敞，但在布置柱子的同时却具有相对灵活性。通常会出现穿枋支撑短柱，从而形成隔柱落地的形式，增加房间宽敞度。所以在山墙面经常可以看见上端有密密麻麻的柱

子，落地柱却比较少，形成了特殊的山墙立面。

会馆建筑在结构中也沿袭了民居中的做法。公共建筑较民居通常对空间的开敞性要求更高。北方的公共建筑通常梁架采用抬梁式，空间高大开敞。而南方林区为了适应当地的气候，加之当地盛产木材，通常采用穿斗式。而巴蜀地区会馆建筑则将这两种结构合二为一，通常在中间梁架采用抬梁式，形成开敞的空间，而在山墙面则采用穿斗式，并沿用当地民居隔柱落地的做法，从而形成巴蜀地区独特的风格。

（3）造型

会馆建筑和民居之间的影响其实是相互的，并不是仅仅单一是会馆受到民居的影响，有些地域的民居也会受到会馆建筑的影响。封火山墙是会馆建筑的标志性造型之一，"土生土长"的巴蜀民居没有采用封火山墙的"习俗"。但巴蜀地区有些区域的民居却受到会馆建筑的影响，有采用封火山墙的实例。如重庆大昌古镇、洪安古镇的民居则几乎都采用封火山墙的形式，形成了古镇独有的风貌。

4.3.3.2 与祠堂和家庙建筑之比较

祠堂作为宗祠建筑是一种礼制建筑，执"家礼"之处，即"家庙"。祠堂功能首先是本族人祭祀祖先，然后执行族权，劝善解纷，惩治家门不肖。所以一般场镇有多少大姓，必有多少宗祠。

会馆建筑与祠堂建筑之间是一个传统建筑类型转承演化的脉络关系。从建筑形制上看，会馆建筑直接脱胎于祠堂和家庙建筑。对应于祠堂和会馆的血缘宗族传统，会馆建筑代表着中国17世纪以来，平民社会原则的兴起与确定，亦即血缘宗族观念的扩大与演变。

祠堂和宗庙建筑，经过宋代大儒朱熹《宗礼》的规范，其标准的祠堂建筑格式历代相承。会馆建筑与会馆文化，从形式到内容，都是家族与祠堂的扩大和不同时空背景条件下的再组织化，即由宗族的兴盛和组织管理到民系、乡系，在一个特定生活圈的兴盛和组织管理。洛带镇三个会馆无疑昭示着这个历史的内涵，其他会馆亦无不如此。

正因为祠堂、家庙建筑与会馆建筑属于"源"与"流"的关系，因此在比较二者时，侧重于不同。

（1）选址布局

前面章节已经介绍过会馆建筑多选择码头港口、城镇场镇的中心，既是该地区经济繁荣的贡献者，也是见证者。总而言之，何处繁荣何处建馆，是商人经济思维的集中体现。

相对于会馆，祠堂、家庙的选址则更具有多样性。通常根据每个家族的情况而定。有的建于场镇，有的却散布在场外或周边，自成一个小环境。为安全起见，有的还建有碉楼和箭楼，以备不时之需。如重庆龙兴古镇的刘家大院位于场镇中心，但是刘家祠堂就位于场口石坝脑壳外两百余丈处。又如位于云阳里市乡黎明村的彭氏宗祠就建有高耸挺拔的箭楼，厚重坚固的城墙、开阔优美的环境，给人以强烈的视觉冲击和心灵震撼。

（2）规模形制

相对于祠堂、家庙建筑，会馆建筑更具规模。祠堂、家庙多由家族成员集资修建，其规模和形制也会因为家族的经济实力而有所差异。有的祠堂、家庙中没有设置戏楼，讲排场的祠堂则设置戏楼，祠堂的规模尺寸一般介于住宅和会馆之间。由于会馆多由同一省籍商人合资修建，商人的实力通常比家族实力强盛，因此无论是从规模、气势，还是从艺术价值比较，各个方面都略胜一筹。

（3）建筑风格

祠堂虽然也是礼制建筑的一部分，但由于其使用功能的多样性、分布地区的广泛性以及与民间建筑保持着密切联系，造成祠堂建筑与官式坛庙祭祀的建筑面貌有很大的差异。除了保持共有的封闭和严整的风格以外，又融合许多活泼、精巧的民间建筑风格，具有浓厚的生活气息和鲜明的地方性。和会馆建筑风格相比，祠堂、家庙建筑更具有民居的特色，朴质清新，而会馆建筑则显得商业气息浓郁，大多精雕细琢，辉煌无比。

4.3.3.3　与书院建筑之比较

书院和会馆同为明清时期重要的公共建筑，不同的建筑功能和追求使得会馆与书院在选址择地、空间布局、造型风格和装饰特点等方面都存在着较大的差异性。

（1）选址择地的差异性

选址择地：书院选址非常讲求环境的选择和建设，尤其重视教育氛围的营造。书院一般多选在远离尘俗的清幽秀美的自然山水间，环境优美宁静，利于清心静修，以便"远尘俗之嚣，聆听幽之胜"。朱熹在《衡州石鼓记书院记》中记述："择胜地、立精舍，以为群居读书之所"，道出士人对书院环境选择的独到之处。自然山水常被比拟为道德品行和知识素养的象征，所谓"智者乐水，仁者乐山"，山水被作为感情活动的触媒剂，如祝允明曰："身与事接而境生，境与身接而性生。"身临其境可获得精神上的感应与共鸣。将君子比德思想接入环境，寓于教化，自然与文化融为一体。

书院同时强调人文环境的营建，选址结合历史文化古迹，圣贤之迹、名人遗迹，以便"踵名贤之迹，兴尚友之思"，附教化于人文环境之中。当然，相地选址离不开传统的风水观，与书院的士风、文气、人脉联系在一起，吸收山之灵、沉淀地之蕴、兼收水之秀，容天地于内，利于人才辈出，所谓"山屏水障，藏精聚气，钟灵汇秀，人才辈出"，将文化与自然融合。

与书院不同，会馆多建于喧嚣的城镇中，融入社会市井和人群，将封建的商品经济、宗族制度以及地方民俗文化合为一体。会馆常位于闹市区中心的黄金地段，四周环以繁华街市，既能聚人气，又能体现自身的实力，形成区域中心和标志；有的靠近港口、码头，方便经营管理；也有的与寺庙、道观结合，以宗教的信念强化内部秩序，加强凝聚力，并祈求神灵保佑生意兴隆，大吉大利。与书院一样，会馆的选址也离不开传统风水观，但更侧重生财、旺财、聚财。

不难看出，商人融入市井，聚集财富，士人融入自然，陶冶身心，不同的追求和价值取向，来源于不同的文化背景。

传统的教育制度和阶级结构孕育出独特的士文化。"通古今，辨然否，谓之士"（《汉书·地理志》），指明士要具备文化和社会规范知识；"士者，事也，任事之称也"（《说文解字注》），指出士还需具有儒家仁义道德的价值观念，维持社会和宗法家族制度。儒家学说塑造文人"理性"的价值取向，培养使命感、责任感及仁爱思想，引导走"入世"之路；道家文化则培育文人"非理性"的性格，失意退隐，淡泊清高，寄情山水，走"出世"之路；同时佛家提倡超脱世俗，修养心性，几种精神交织在文人身上，形成基本人格和审美特征。书院选址与建设，深受其影响。

"士农工商"的地位等级伦序，突显士阶层的优越，商阶层则处于社会的边缘并为主流意识所排斥。商阶层渴求社会的认同，通过建筑的宏大规模与豪华铺陈展示实力和影响，模仿官僚的奢侈生活，高堂大厦，僭越礼制，对封建等级制度形成一定冲击，与"贱商"观念抗争。随着财富的积累，商人开始追求社会价值，将商业道德与社会公德接轨，塑造良贾形象，提倡重利尚义、义中取利，遵从诚信无欺、和气生财、平易近人等商德。而商人的流动性，又使长期在外的个体具有团结协作精神。内外环境的影响，形成商人特殊的价值观和审美情趣，相应地也融入会馆的建设中。

总之，从选址来看，书院主要反映自然与人文要素的组合，体现"天人合一"的追求，突出人与自然环境的协调；而会馆则更多反映社会与人文要素的组合，体现人与社会环境的协调。

（2）空间布局

礼乐法度是传统社会稳定、和谐运行的准则，突出等级又强调万物和谐共生，渗透到社会各个层面，也贯穿建筑始终。从用地到布局，从单体到细部都作严格规定，遵循固定模式，呈现很强的共性。书院建筑群体布局严谨，总体分四大部分：教学、祭祀、景园和生活辅助。中轴线上按顺序依次布置大门、讲堂、祭殿和藏书楼等重要建筑，斋舍与其他附属用房分别对称置于轴线两旁，与主体建筑形成多进围合的院落空间，突出书院以讲学为主，以尊圣礼贤为重，视规模、地形有所变化。会馆集祭神、乡聚、娱乐、寓居等功能为一体，主要由戏楼、厢楼、正厅、后殿、居住及辅助用房组成。中轴线上按顺序布置照壁、大门、戏楼、正殿、后殿等重要建筑，厢房、钟楼、鼓楼、配殿等对称布置于轴线两侧，形成多进院落。由于会馆多处闹市，受地形限制，院落除纵向发展外，亦多横向形成跨院，提供居住用房。由空间布局可见，两者都遵守礼制制度施与建筑的规范和定式，采用中轴对称的院落式布局，主要建筑都安排在轴线上，相关附属建筑对称分布两侧，围合成不同院落，重点突出，功能分区明确。祭祀建筑都位居轴线上，突显地位的尊贵，表达一种信仰，起到见贤思齐，规范行为之效应，但崇拜的对象不同。书院礼拜孔孟等圣贤，建筑遵循严格的礼制规范；而会馆祭拜的神灵因院而异，体现地方信仰特色，主要以拜如来、观音、财神等神仙为主，也有拜诸葛亮、关羽、张飞等神化了的人，祈求神灵护佑，稳定内部秩序，追求诚、信、义、仁的取利思想。

书院空间内敛，布局松紧适宜，结合自然地形，依山就势，将严谨的礼制建筑与其他民间建筑融合布局。利用走廊、隔扇、敞厅、曲径等建筑元素及山水植物等自然元素，消解主体建筑的规整严肃，营造既尊"礼"，又合"乐"的静谧、亲切的环境，在庄严的礼仪空间追求朴素亲切的人文气息，增加生机和情趣。景园更是结合自然环境的蜿蜒曲直，适意配置松、竹、梅、兰等比德植物，亭、台、楼、阁点缀其间，因地因院而异，不拘一格。透出文人的风雅情趣和修养品位，严谨而飘逸，奔放而稳重，可以说书院是礼乐思想的完美结合，是士人追求伦理稳定，社会和谐处世观的最好佐证。

会馆多采用故乡风格，营造"宾至如归"的乡土氛围，具有浓郁的地域特色；同时糅合所在地的风格，与本土文化相融。整体布局紧凑，体现"聚"的商人情结。院内地坪与周围地坪基本齐平，突显"平则易人亲"的商业理念，有的地面甚至低于周围街道，越往院内地势越低，且院落呈前窄后宽，形成凹斗状，折射商人进财、聚财的心理祈愿，利用台阶，保持建筑高度。空间

氛围完全不同于书院的静谧、斯文和私密，趋于创建宽泛、开敞、热情、融合的活动空间。大殿以南均为开放性空间，市民可随便出入，会馆定期的文娱表演成为当地的重要活动内容。积极营造极具人情味的空间，体现商人重交往、聚人气、顾客至上的经商思想，人与人的和谐，正是社会和谐的前提。

（3）造型风格

书院以自然地形为依托，清水封火山墙，错落有致，曲折蜿蜒构成富于变化的轮廓线，呈现极强的层次感和曲线美。建筑以单层为主，体量小巧，平易"进"人的院落、回廊、亭台楼阁，取得亲切宜人的尺度；造型简约，一般以砖木结构为主，构架以穿斗与抬梁结合，砌上明造，忠实结构本色，展示材质无华的自然美。为突出祭祀建筑的神圣和尊严，礼圣殿多重檐歇山，黄瓦红墙，与其他建筑的灰瓦白墙，形成强烈对比。讲堂造型庄重肃穆，藏书楼多为楼阁式，飞檐翘角，高耸醒目。从造型风格看，书院讲求建筑与自然融合，人与建筑融洽，侧重朴实之美、阴柔之美。

会馆各建筑体量较大，气势宏伟，重点突出戏楼。照壁体形高大

稳重，将南面高度拉起。戏楼尤其雄伟，空间广阔，高度不同，屋顶错落布设，造型丰富活泼，多选歇山式，双檐、三檐不等，翼角飞翘，琉璃满铺或剪边，色彩鲜艳，轮廓饱满壮观，呈现华丽、欢快之感，成为会馆的重点，表明商人以人为本的理念。与戏楼在同一院落的钟、鼓楼，多为方形两层建筑，重檐歇山琉璃顶，四角升起，体态小巧挺拔，起到空间的过渡衔接作用；为方便观戏，厢房亦多两层，悬山、硬山或卷棚顶，出檐小巧。正殿、后殿多单层歇山顶，坐落在高台上，或琉璃或剪边或灰瓦，不一而同。会馆气宇轩昂，与周围低矮、质朴的民房形成强烈对比，具有明显的标志性；也不同于官式建筑的浩大威严，体现隆重而热忱的个性和商阶层僭越礼制，挑战封建等级制度的勇气，也是商人财富实力的表征。

（4）装饰特点

书院与会馆在装饰特色上形成强烈反差，个性鲜明突出。书院所有建筑既无繁复的装饰和夸张的细部，也无故作粗野之态，大多朴实无华。装饰从形式到内容、从尺度到比例，从图案到色彩，从屋顶形式到脊饰兽件，都体现端庄雅致、朴素简约的风格。装饰较少雕饰彩绘、色彩恬淡、点缀清新素雅，多选黑、白、灰、棕等中性色。但对园景的经营、园路的铺设、门窗格式等，又极其考究，精雕细琢，讲求意境和情趣的营造。

会馆则流光溢彩、雍容华贵，可以说无石不雕，无木不刻，无板不绘，装饰渗透到建筑的每个部位。木雕、石雕、砖雕、彩绘等装饰图案，艺术精湛，手法多样，集中浮雕、深浮雕、透雕、圆雕、悬雕、线雕、平画彩画甚至木雕彩画等技法，内容丰富，生动具体，具有强烈的立体艺术效果。有的借助供奉的神，将建筑等级拔高，甚至将龙凤作为装饰题材，使用高等级的明黄色，甚为壮观。会馆着意营造和谐亲切的氛围，体现大众化、世俗化的审美追求。

华而不实、矫揉造作，素为文士所轻，是儒家崇尚朴实，反对奢侈浪费观点在建筑上的体现。文人作品成为书院重要的装饰构件，楹联匾额、碑刻、书画、题记等点缀其间，传达人生哲理，寓意深远，营造文化氛围，起到点睛之功效。形式本身的对仗、押韵，又极具节奏和韵律感，加之书法之隽美，产生强烈的艺术感染力，体现士人的"雅"。装饰题材传达一种寓意，除选择寓意富贵吉祥的植物外，多选梅、兰、竹、菊等，表现对学子优秀品格的期许；茶花、荷花象征士变仕后的清正廉洁；桃、云纹也常作为装饰图案，象征书院桃李满天，学子平步青云，体现文化特色。

而会馆装饰题材丰富，既有历史典故、民间传说、文学戏剧故事，又有各路神仙造型，百姓生活场景、动物花草也尽显其间。渲染吉祥、神圣、和谐的气氛，强化商业精神。有的将算盘、钱币、账簿等直露的商业标记造型，与其他造型结合，浸润

商业气氛。馆内大量引经据典的匾额楹联、文人故事图案，表明商人文化尊儒崇文的独特景观。将商德规范、行会规则等雕刻在石碑上，隐喻在图案和造型里，宣扬商德，塑造良贾形象。装饰题材融儒、佛、道、民间文化为一体，和谐共处，体现商人文化的兼收并蓄、灵活变通。当然，过分追求富丽堂皇、琳琅满目，不免给人以堆砌、造作、张扬之感，是商人铺张奢华、繁缛喧嚣审美情趣的表现。

附表二：

图　号	图　　名	来　　源
4.1	重庆下半城会馆分布情况	何智亚《重庆湖广会馆历史与修复研究》
4.2	自贡王爷庙	来自网络 http://hi.baidu.com/%B7%F2%D7%D3/blog/item/feee8613e1a932d1f7039ef6.html
4.3	自贡桓侯宫平面图	詹洁绘制
4.4	齐安公所	何智亚《重庆湖广会馆历史与修复研究》
4.5	福宝清源宫入口	自摄
4.6	剖面形式1	詹洁绘制
4.7	剖面形式2	詹洁绘制
4.8	剖面形式3	詹洁绘制
4.9	川主庙大殿隔断	自摄
4.10	解州关帝庙八字墙	自摄
4.11	风火山墙灰塑小品	自摄
4.12	三种结构形式：A为抬梁式，B为穿斗式，C为抬担式	自绘
4.13	洛带广东会馆梁架	自摄
4.14	吊瓜	自摄
4.15	撑弓	自摄
4.16	藻井	自摄
4.17	轩1	自摄
4.18	轩2	自摄
4.19	尧坝慈云寺入口高差处理	自摄
4.20	慈云寺院坝高差处理	自摄

图 号	图 名	来 源
4.21	慈云寺大殿内高差处理	自摄
4.22	解州关帝庙斗栱	自摄
4.23	山陕会馆斗栱	自摄
4.24	安徽亳州花戏楼	自摄
4.25	解州关帝庙	自摄
4.26	洛带广东会馆立面	自摄
4.27	南华宫正面	自摄
4.28	齐安公所沿江立面	何智亚《重庆湖广会馆历史与修复研究》
4.29	湖广会馆建筑群禹王宫牌楼	自摄
4.30	龙兴古镇禹王宫牌楼	自摄
4.31	李庄慧光寺山门	自摄
3.32	龙兴古镇禹王宫雕刻	自摄
4.33	解州关帝庙钟楼	自摄
4.34	解州关帝庙鼓楼	自摄
4.35	河南社旗	自摄
4.36	周口山陕会馆春秋楼	自摄
4.37	解州关帝庙春秋楼	自摄
4.38	解州关帝庙入口	自摄
4.39	牌坊	自摄
4.40	社旗山陕会馆照壁雕刻	自摄
4.41	解州关帝庙照壁	自摄
4.42	复兴万寿宫戏楼	自摄
4.43	尧坝万寿宫	自摄
4.44	凤凰江西会馆戏楼	自摄

附表三：

表号	表 名	来 源
4.1	会馆建筑的入口空间	自摄
4.2	会馆戏楼	自摄
4.3	各种形式的屋顶	自摄
4.4	形式各异的封火山墙	自摄
4.5	梁架形式	自摄
4.6	檐部装饰	自摄
4.7	形式不一的柱础	自摄
4.8	瓷片装饰	自摄
4.9	山墙灰塑	自摄
4.10	栏板雕刻	自摄
4.11	雕刻精美的各式撑弓	自摄
4.12	吊瓜	自摄
4.13	湖广会馆名称一览表	詹洁绘制
4.14	湖广会馆汇总	詹洁绘制
4.15	江西会馆名称一览表	詹洁绘制

5 巴蜀会馆案例分析

前文讲过，巴蜀会馆主要是同乡会馆和行业会馆两大类，其他如科举会馆、士绅会馆都属小众，本章案例分析中暂略，不做分析。

巴蜀地区同乡会馆数量众多，湖广会馆、江西会馆、山陕会馆、广东会馆、云南会馆、福建会馆、川主庙各具特色。因湖广会馆与江西会馆数量较多，分布较广，案例分析时分别选取两个案例，其他类型会馆则选取一个具有代表性的案例。湖广会馆以重庆湖广建筑群和龙兴古镇禹王庙为案例，江西会馆则以龙潭万寿宫和石阡万寿宫为典型进行分析，山陕会馆则选取巴蜀地区最具代表性的自贡西秦会馆进行分析，广东会馆选取客家移民聚集地的洛带古镇的广东会馆进行介绍，云南会馆选取宜宾的滇南馆，福建会馆则采用湖南芷江天后宫，而代表四川本地会馆的川主庙以顾县的川主庙为代表进行阐述。

行业会馆也是巴蜀会馆的一大特色，遍布各个城镇。川盐的发展使得盐帮、船帮行业兴盛，会馆也是各自精彩。在行业会馆的案例中主要采用船帮会馆王爷庙、盐业会馆盐神庙和屠宰行业会馆桓侯宫进行分析与阐述。

5.1 各省同乡会馆的案例分析

5.1.1 重庆湖广会馆建筑群

重庆的会馆是在"湖广填四川"大移民的背景下，随着移民大量迁入重庆而建立起来的以原籍地缘关系为纽带的同乡互助组织，并随着重庆商品经济的繁荣而日趋走向鼎盛。

5.1.1.1 会馆建筑群的历史概况

鼎盛时期的重庆城（今渝中通远门至朝天门一带，清代川东道、重庆府和巴县治所所在地）曾有"八省会馆"[1]，包括湖广会馆、广东会馆、江南会馆、江西会馆、福建会馆、陕西会

---

[1] 实际为九个省籍会馆,八省会馆和云贵公所

馆、浙江会馆和山西会馆，这些会馆主要集中在重庆老城的"下半城"。下半城是重庆主城的发祥地，距今有2300多年的历史，堪称重庆的母城，是渝中半岛因山城地形特征和长江黄金水路形成的特殊区域，既是重庆老城的商业繁华区，亦是人们主要的聚居地。据何智亚先生所述：下半城的大致范围是从朝天门、东水门、望龙门、太平门、金紫门、储奇门到南纪门一线；坡上从朝天门到接圣街（现在的信义街）、新街口（现在的重庆饭店、人民银行一带）、小什字、打铁街（现在的小什字到25中一带）、半边街(现在的25中到重庆群众艺术馆一带)、大梁子（现在的新华路最高处）、较场口一带。从"开埠前夕的重庆"这张图（参见图4.1）中可以看到会馆多沿江而设，靠近码头，便于贸易的需要。晚清著名诗人赵熙的"自古全川财富地，津亭红烛醉东风"诗句，是昔日重庆商业繁盛的真实写照。

"八省会馆"的衰败始于清末民初，社会的发展使人们对会馆的感情依托逐渐淡漠，会馆的职能开始减弱，随着新政的推出，会馆的原始地位也发生了变化。民国中后期，八省会馆受到时局的影响，纠纷不断，会馆的运营进入了举步维艰的时期。20世纪30年代，随着日军侵华战争的爆发，1938年2月至1943年8月，日本军队对重庆进行长达5年的空中轰炸，部分会馆难逃劫难。1949年的"九•二"大火使广东会馆、福建会馆、江西会馆毁于大火，现存的万寿宫巷是作为地名保存下来，用以祭奠昔日光辉的江西会馆。时至20世纪50年代，残存的会馆被改为工厂、仓库和住宅。在"文化大革命"期间的"破四旧"运动中，部分会馆也遭到了破坏。湖广会馆修复工程开始之前，尚存的"八省会馆"仅留存禹王宫、齐安公所和广东公所部分，建筑面积约为3500平方米。2004年正式对湖广会馆建筑群进行修复工作。2005年10月，湖广会馆正式对广大民众开放。

5.1.1.2 会馆建筑群的现状分析

人们习惯上称为"湖广会馆"是由禹王宫（湖广会馆）、齐安公所（黄州会馆）、广东会馆（广东公所）等组成的集中的移民会馆的总称。下文将对这三个会馆分别进行解析。

禹王宫（湖广会馆）

据清乾隆二十六年（1761）

《巴县志·寺庙》记载："禹王庙，在东水门内，即湖广会馆"。湖广会馆修修复工作开始后，于2004年11月，出土了乾隆十五年（1750）的"太极图"石碑，证明湖广会馆始建于乾隆十五年之前。又据窦季良先生于20世纪40年代考证，湖广会馆始建于康熙年间。现存湖广会馆系道光二十六年（1846）重建。[1]

（1）平面布局

湖广会馆在东水门城门内，主体建筑面对长江，顺坡势而建，上下高差达十余米。历史上的湖广会馆是省、会馆共存，规模宏大。会馆主要有三个戏楼来组织平面布局，由入口处的一个大戏楼和后面的两个小戏楼组成，并通过院落围合，整体布局呈L形，和洛带湖广会馆有异曲同工之处。会馆的院落空间较大，且由地势逐级升起。主要轴线上分别有大戏楼、院坝、牌楼、大殿、小戏楼和后殿（图5.1、图5.2）。

（2）空间结构

禹王宫大山门邻近东水门城

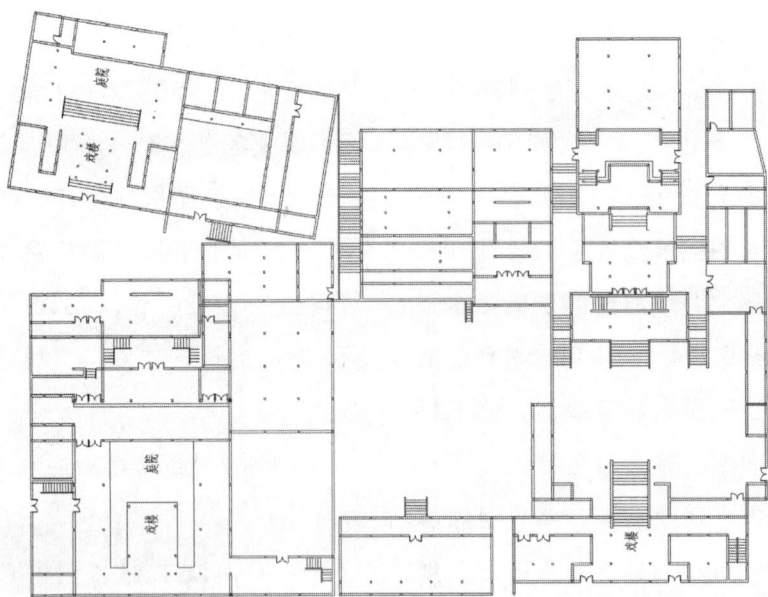

图5.1 湖广会馆建筑群平面图

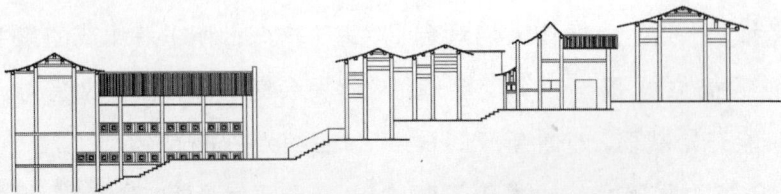

图5.2 湖广会馆建筑群禹王宫剖面图

[1] 何智亚.重庆湖广会馆历史与修复研究[M].重庆:重庆出版社,2006

门，过去为重檐石牌楼，气势恢宏。修复前，仅存几块石匾，牌楼正中镶嵌的石匾题刻已经无法辨认。左右拱门上的石匾镌刻的"三江既奠""五州攸同"8个题字还依稀可辨。禹王宫现存的山门是经过后来修复的。从禹王宫入口穿过，便进入戏楼空间，戏楼与院坝高差较大，在戏楼中仰视前端牌楼，有巍峨之感。从戏楼拾级而上，顿时觉得豁然开朗，这便是前院空间，院落宽敞。抬头即可见高大的牌楼。牌楼为面阔五间，进深三间，明间最宽，次间和尽间略小。三重檐，檐口高高翘起，檐下施斗拱，昂头和角梁均雕成龙头状，且施佛金，齐齐朝向长江。整个牌楼用红、黑、金三色装饰。明间额枋下置匾，其上隶书曰：禹王宫。牌楼采用抬梁式，穿过牌楼，便进入正殿。正殿面阔5间，进深3间，内置大禹雕像。

从牌楼右侧石梯顺坡而上，左边高墙有一拱形石券门，上面石匾镌刻"恩流甘露"四字，意喻会馆的恩德如甘露般甜美及时。从石拱门进入，就到了禹王宫正厅和戏楼。戏楼楼台面阔6.8米，因地形限制，戏台与正厅距离仅有3.3米。戏楼上额枋雕刻的是八仙图，斜撑为圆雕。禹王宫

图5.3 齐安公所入口

正厅净高达10.65米，是湖广会馆建筑群最高的一处殿堂。正厅梁、柱选用组大优质柏木建造，主要立柱直径50厘米，历经150多年仍完好无损。正厅左右共保存下来三间侧厅。左厅大木构架保存完好，过去是作为堆放货物的仓库。右厅入口有一拱形石券门，石匾上阴刻"奎璧之府"四字（图5.3）。"奎"是二十八星宿的星名，主文运，"璧"为美玉，"奎璧之府"是对会馆的赞美之词。进入石拱门可见一小巧玲珑的戏楼，戏楼面阔4.9米，与看厅距离3.6米，天井宽7.6米，戏楼周边空间围合十分紧凑，没有耳房，过去可能是显贵客人欣赏戏曲之处。戏楼看厅四柱三开间，面阔11米，进深7.2米。与右看厅一墙相隔的另一厅房也是四柱三开间，面阔14米，进深7.2米。

159

在禹王宫牌楼右边还有两间厅房，一处石拱门上题刻"止肃"二字，意味到此应该肃穆庄重，以示对圣贤的尊敬；另一处石拱门上镌刻有"濂溪祠"三字，是为纪念理学创始人之一的北宋周敦颐而题名。

（3）装饰艺术

会馆的大殿廊房和戏楼分别为重檐歇山式或单檐歇山式房顶。整个古建筑群雕梁画栋、涂朱鎏金，浮雕镂雕精致异常、栩栩如生，其题材主要为西游记、西厢记、封神榜和二十四孝等人物故事，还有龙凤等各种动物图案及各种奇花异草等植物图案。尤其令人惊叹的是其保存完好的4座精美绝伦的戏台，被文物学家誉为"巴蜀一绝"。

齐安公所（黄州会馆）

齐安公所是在湖广会馆会首支持下由湖北黄州府商人修建的会馆。由于黄州人敬奉帝主，亦称"帝主宫"。它既是湖北黄州府籍人士的同乡会馆，又是黄白花客帮（棉花帮）的行业会所。黄州会馆初建于嘉庆二十二年（1817），光绪十五年（1889）重建。"齐安公所"的名称与黄州的历史有关。黄州历史上称为永安郡、齐安郡。隋、唐之时，永安、齐安、黄州三个名称总是互相更替，永安郡存在13年，齐安郡存在17年，其余较长时间皆为黄州府。唐朝后，齐安郡已不存在，但清代黄州商人在此修建的会馆仍称"齐安公所"，透露出一种对家乡古老历史的推崇和缅怀。

（1）平面布局

齐安会馆位于下洪学巷44号，现状建筑遗存为两进合院，主体建筑呈"凸"字形。布局依中轴线排列，由下往上依次为戏楼、看厅、抱厅、大殿。一般会馆建筑的大山门都是从戏台进入，流线与轴线在一个方向上，而齐安公所的山门却是从会馆的东侧进入，亦可能是风水的讲究，亦有可能是出于望乡之意（黄州的方位），有待考证。会馆周围有高墙围合，成龙形，动感强烈，如两条巨龙，直奔长江，有若双龙锁大江之态势，又恰似双龙探江饮水，造型蔚为奇观。

（2）空间结构

该建筑的现状入口位于洪学巷一侧，即会馆东面进入。大山门的门匾上，"齐安公所"四个阴刻大字遒劲有力，山门墙上嵌彩瓷片青花宝瓶。进山门即是院坝空间，院坝下方是一造型典雅的琉璃歇山顶戏楼。戏楼建在沿江砌筑的条石堡坎上，条石堡

图5.4 齐安公所高低错落的屋角

坎长44米，高度顺芭蕉园的坡度而变化，低处为5.4米，高处达7.3米。戏楼前院坝与看厅之间距离6.1米，两边耳房之间宽为14.4米。院坝空间较其他会馆较狭窄，戏楼、耳房、抱厅屋顶相互簇拥，飞檐高高翘起，可谓"廊腰缦回，檐牙高啄；各抱地势，钩心斗角"，毫不夸张（图5.4）。再加上木雕极尽精巧，脊饰极尽繁复，镏金溢彩，在此可见会馆的艺术精华之处。

看厅位于2.2米高的石台上，看厅面阔13.4米，进深7.4米，前有石板护栏，护栏上立有石象、石狮。正厅两侧有券拱石门，看厅至正厅之间有一宽13.2米，进深4.5米的抱厅，上有屋檐遮盖，两面山墙上各开一个直径为1.13米的

圆窗。看厅与正厅之间屋顶采用勾连搭的形式。

主体建筑大木作采用抬梁式，但无斗栱，在戏楼和看厅的檐下采用了挑枋和撑弓相结合的结构方式。

（3）装饰艺术

齐安公所的装饰以木雕和脊饰最为特色。所有的撑弓、雀替、挂落、垂花、额枋、门楣、窗花构件，无不雕刻精美，栩栩如生。两侧的厢房的阁楼均建造精美，檐下的博风板、挂落、雀替造型和雕刻都颇具匠心，设计和谐大气，至今流光溢彩，风韵犹存。

戏楼下额枋左右两幅雕工精湛的深浮雕是湖广会馆木雕的绝佳之作。右边一幅用唐代著名

图5.5　齐安公所杏花村雕刻

图5.6　齐安公所重庆本地风光雕刻

诗人杜牧的七绝《清明》"清明时节雨纷纷，路上行人欲断魂。借问酒家何处有，牧童遥指杏花村"描写的意境，镂刻了一幅生动的画面（图5.5）。左边一幅为刻画了重庆本地山水风情（图5.6）。戏楼屋檐翼角下，左右角梁出挑部分雕为龙头，龙头上还有一只金光熠熠、神态生动、展翅欲飞的凤凰（图5.7）。楚人将凤凰作为崇拜的图腾，戏楼上的凤凰应是移民对家乡图腾的一种尊崇。在戏楼边耳房的栏板上雕有"二十四孝"图，包括"孝感动天""卖身葬父""黄香暖被""孟宗哭竹""扼虎救父"等中国古代广为流传的历史故事，这些故事集中演绎了中国传统文化中"百善孝为先"的观念。[1]

戏楼和两侧厢房中阁楼的屋顶也是装饰的重点。戏楼檐口高高翘起，颇有南方建筑的特色，戏楼屋顶的正脊、垂脊和戗脊都采用灰塑，并施红、黄、绿三色。正脊中的宝瓶脊端类似"鸱尾"的造型也是造型精美，栩栩如生。檐中坐着一条神兽，憨态可掬。各脊上纷纷用白色瓷片装饰，细密精美。

广东公所（广东会馆）

广东会所，亦称南华宫。民国《巴县志》记载："南华宫，在黉学巷下，即广东会馆。"

图5.7　齐安公所戏楼檐口下凤凰雕刻

---

[1]　何智亚.重庆湖广会馆历史与修复研究[M].重庆:重庆出版社,2006

162

广东会馆始建于乾隆五十一年（1712），现存建筑建于嘉庆二十三年（1818）。

（1）平面布局

广东公所位于下洪学巷15号、19号、33号区域，处于湖广会馆建筑群的最高处。广东会所形势明显（图5.8）。

主体建筑为一进四合院格局，四周高墙耸峙，南北长30.5米，东西宽25米，修建后建筑面积为711平方米（天井除外），中轴线布局，轴线上依次布有：戏楼、院坝和正殿。左右两侧各有厢房连接，院落空间开敞，依山建馆的

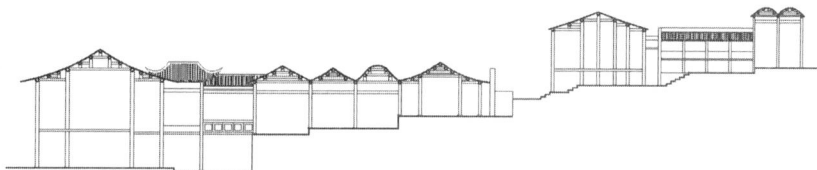

（2）空间结构

广东公馆大门牌楼上镶嵌石匾，石匾上阴刻"广东公所"四个大字，石匾四周镂刻五条卷草龙。牌楼式入口的下部中央为一壶门，门楣上刻"南岭观瞻"四个篆字，两侧各有拱门，门楣上分别刻有隶书"川汀""岳峙"。"南岭观瞻"表明了籍属广东，"川汀"意为江流平静，"岳峙"意为山峰耸峙，这些文字描述了广东会馆的坐落形势。据此或可推断出广东公所始建之初，应该是背山面水的风水格局，即其前面尚无建筑物遮挡，据此可推断广东公所建造的时间应该比前面两所早。

进入山门，即到达戏楼的底层空间，可见16根柱子支撑着戏楼，戏楼面阔9米，进深8.4米，高8米，底层净空2.8米，广东的会馆的戏楼是整个湖广会馆建筑群中最大的戏楼。戏楼采用抬梁式结构，屋顶采用歇山式，屋顶施黄绿两色琉璃瓦。戏楼檐下的角梁雕为龙头，龙头上方有一曲蹲负重的六祖慧能雕刻，六祖慧能背顶着檩条，既满足结构受力的需要，也具有良好的装饰艺术效果（图5.9）。

戏楼两侧为左右厢房，厢房廊间各有一个石门，门楣上刻有题字，一处为"游目"，一处为"骋怀"（图5.10）。出自于晋王羲之的《兰亭集序》："仰观宇宙之大，俯察品类之盛，所以游目骋怀，足以极视听之娱，信可乐也。""游目"是指纵目四望，"骋怀"意为开阔心胸。寓

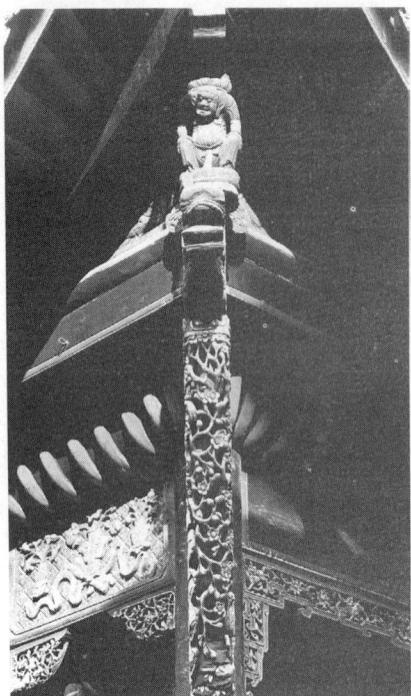

图5.9 广东公所戏楼佛祖慧能雕刻

图5.10 广东公所"游目骋怀"雕刻

意此处的景致能让人极目四望，大饱眼福，有心胸辽阔之感。院坝宽14.5米，进深10.3米，面积约150平方米，是建筑群中面积最大的院落，可容纳几百人看戏。

由院坝拾级而上便抵达看厅，看厅面阔12米，进深9米，高约9米，歇山式屋顶。看厅开阔宽敞，由前厅和后厅两部分组成。后厅比前厅高一个踏步。过去新光包装制品厂在使用广东会馆时，将看厅隔为两层。

（3）装饰艺术

戏楼和看厅是装饰的重点，以木雕见长。戏台的上下额枋和撑弓、雀替等构件镂雕有精美的戏曲人物和花草图案。戏楼两侧厢房转角处有镏金龙头鱼身斜撑，龙头朝下，口吐云彩，身刻鱼鳞（图5.11）。看厅内穿枋、

图5.11 镏金龙头鱼身斜撑

164

图5.12　广东公所看厅梁枋上的雕刻

挂落、雀替、撑弓上雕刻数量很多，内容十分丰富，艺术价值很高。梁枋上多刻有戏曲故事、吉祥图案、游龙走凤，大部分雕刻至今依然熠熠生辉，保存完好（图5.12）。

像"湖广会馆"这样规模宏大、建构精美的古代建筑遗迹，在成渝两地亦属罕见。它不仅以实物形式向我们展示了重庆城市发展史的一个重要侧面，具有重大的城市史学价值，而且它本身也是一座建筑艺术的殿堂。现存完好的戏楼、厅堂、廊房及其附属的雕刻饰物，布局与造型独特，做工精湛，民俗文化内涵十分丰富，建筑结构既有浓厚的地方传统特色，又有外来的建筑风格，具有重要的科学研究价值和极高的建筑艺术价值。整个会馆建筑群非常注重利用地形的起伏，处理屋顶的造型与层叠关系，形成了丰富的"第五立面"，取得了"高低俯仰皆成画，前后顾盼景自移"的全方位视觉景观效果。

5.1.2 重庆龙潭万寿宫（江西会馆）

龙潭镇位于重庆市酉阳县东南部，距县城30公里。因镇上两个汆水潭，形似"龙眼"，常积水成潭，故名"龙潭"。面积7.2平方公里，是土家族、苗族、汉族等多民族聚居地。清雍正十三年（1735）被一场大火烧毁，才迁往龙潭河（古称湄苏河）旁重建。凭借龙潭河、酉水河之便，逐渐发展成为重要的商业集镇，古称龙潭货、龚滩钱。龙潭古镇因盛产"朱砂、硝石、生漆、桐油"而闻名于世。尤其是朱砂，为皇帝必用的炼丹之宝，从而备受重视。古镇建筑规格按中国风水绝学最高境界"双凤朝阳""二龙抢宝""龙凤呈祥"设计建造。

5.1.2.1 会馆建筑的历史概况

位于重庆市酉阳县龙潭镇的万寿宫（江西会馆）原位于龙潭附近的梅树村，因梅树村毁于大火，故于乾隆三年（1738）迁于酉水河畔的龙潭镇。道光六年（1826）重建。据万寿宫重建捐资石碑记载："万寿宫于乾隆戊午年自梅树移建于此。为惟时，其风尚古，规模虽具，椽椽甚朴，且历今近百年，风雨漂漂，不无颓败。我等于嘉庆二十三年

图5.13　龙潭万寿宫山门

会议重修，吾乡众人同街者，除捐项外，别抽厘金，过道者，只抽厘头，附近各场，往劝捐资。"[1]资金筹集基本结束后，于道光四年（1824）聚集工匠、木材、石料开工修建，道光六年（1826）工程竣工。古镇上原有禹王宫，现已毁。

5.1.2.2 会馆建筑的现状分析

江西会馆位于永胜下街98号，前靠龙潭镇石板街，后临龙潭河，坐东朝西。现存的江西会馆为三进二院式，呈中轴线布局，依次为月台、戏楼、万寿台、后殿。戏台和万寿台之间由走马转角楼相连接，建筑面积约为2400平方米。

（1）平面布置

万寿宫正临龙潭河，后靠永胜街，和一般会馆正面临街的格局有所不同。平面整体呈"王"字，即轴线布局，轴线上的戏楼、万寿台和后殿为"王"字的三横，而纵向的御道则为"王"字的一竖。在进入戏楼前有一个从河边垒石十几米高而形成的一处平台，站在这里，可以纵观龙潭河和对面的景致（图5.13）。

（2）空间结构

会馆如今的入口从东门进

[1]　《万寿宫重建捐资石碑》

166

入。在入口之前有一个从河边垒砌的平台，可以俯瞰龙潭河，观看对岸景色。会馆山门高为9.9尺，宽为5.5尺，以示"九五之尊"。进入山门，经过低矮的戏楼的底层空间，便抵达院坝空间。戏楼为歇山顶，垂脊起翘明显（图5.14）。院坝尺度适宜，

两侧均为一楼一底的厢房，此地便是观戏娱乐场所。经过若干台阶，便抵达会馆的中殿。中殿为面阔5间，进深3间，抬梁式结构，采用悬山屋顶，此时是会馆的精神中心，即会馆的祭祀厅（图5.15）。祭祀厅之后，为后殿。面阔5间，进深3间，抬梁式结构，悬山屋

图5.14 龙潭万寿宫戏楼

图5.15 龙潭万寿宫大殿梁架

顶。整个建筑风格朴实雅致。

（3）装饰艺术

龙潭虽有七宫八庙，而唯独万寿宫的建筑别具一格，虽历经岁月变故，至今还保留了几个作为宫廷建筑的标志：龙头建筑标志：龙嘴、龙鼻、龙眼、龙角等。御赐"万寿宫"瓷匾牌（残缺不全）。三和石御道（三拜九叩宫礼道），保存完好。皇帝皇后万岁牌生祠贡匾——万世永赖。皇宫标志款文：贝阙珠宫，琼楼玉宇。皇权标志壁画——"龙凤呈祥"大型壁画，宫设九条巨龙。宫内戏楼上横梁雕"二龙抢宝"的宫廷标志图案。

会馆的装饰艺术不仅体现在建筑上，也体现在会馆中幸存的家具。其中用黄花梨木做成的御用龙椅与座后屏风，造型别致，雕刻工艺精妙绝伦；御用床及刻有"九五之尊"的二龙夺宝洗脸架、八仙过海、刘海戏金蟾、仙鹤寿星均是烤贴真金，令人叹为观止。其中，皇妃床、宫女床各有规格标准，花鸟虫草，活灵活现，使用者身份地位一目了然，把封建社会的等级制展现得淋漓尽致。宫内还存有各种木雕石刻工艺品，200余副花窗、花板，雕刻着不同的图案，如圣手留笔、

鬼斧神工，把土家农耕文化带到一个神话般的境界。

馆内的碑文记载，主殿是由江西移民在乾隆年间从外地迁建过来，后来上百年逐渐扩建过程中，在前面增建了戏楼、回廊和入口牌楼，因此各部分建筑风格明显不同：祭殿是清早期的移民建筑形式，巨大的梁柱、平缓的坡顶，带有江西地域特征的梁柱雕饰；戏台是典型的巴蜀地区戏楼风格，只是四角发戗翘起，明显是后期受到当地建造工艺的影响；而入口的牌楼，五花山墙造型，高大华丽，雕饰繁复，显示出清代末期徽派建筑对当地的影响。该建筑不同时期墙砖的砌法和大小区别也很大，而且交接缝明显，是明显的未经修复，完整真实记录了建设过程的会馆建筑。

5.1.3 洛带南华宫（广东会馆）

5.1.3.1 会馆建筑的历史概况

据原有碑刻记载，该会馆于清乾隆十一年（1746）由广东籍客家人捐资建成，其间供奉广东乡贤神祇慧能（禅宗六祖），清末时除戏楼、耳楼外，余均毁于火。"民国"二年（1913）重建。以后乐楼又塌，数年前方予修复。近年来又相继对会馆进行了大规模维修，现被列为成都市级文物保护单位，是国内现存的最完整、规模最大的广东会馆之一。

5.1.3.2 会馆建筑的现状分析

南华宫，坐西北朝东南（有望故乡之意），位于洛带古镇老街上街。建筑沿街布局，现存入口开在建筑的一侧（西），宽仅3米，行进几十米，穿过低矮的过街楼，抵达建筑的庭院。"欲扬先抑"的手法达到豁然开朗的视觉感受（图5.16、图5.17）。

（1）平面布局

会馆建筑依中轴线对称布局，总占地3250.75平方米，建筑总面积为1000平方米。进入临街西侧的大门，穿过过街楼，到达院坝空间，有一种豁然开朗之妙。

笔者在走访的过程中，发现现存的建筑大门面对街道，但从现存的建筑来看，原戏楼的位置应该在和主街道平行的一条小巷中，这和一般的会馆建筑的山门以及戏楼正对主要街道相悖。从南华宫内现存的介绍记载：轴线上布局依次由大门万年台（已拆除），前院矿坝两边一楼一底的厢房，三殿二天井、后门廊房及廊道四部分组成。从这个记载来看，如今的入口应该是后门，

图5.16 洛带广东会馆入口经过的过街楼

图5.17 从院坝看入口

先前的大门则没有沿街布置。这和一般的会馆入口没有沿街的做法相悖。但根据会馆沿街面精美的雕刻和布置来看，这种做法和该街道上另一个会馆——江西会馆背面临街异曲同工。后从"坐西北朝东南"之中找到答案。原先的大门是朝向东南的，即客家人故乡的方向。但为了临街的需求，故在临街处开了后门。

（2）空间结构

会馆从临街西侧的大门进入馆内，和一般会馆的布局不同。大门宽仅3米，穿过低矮的过街楼，从而达到会馆的院落空间，这种空间处理体现出一种"欲扬先抑"的手法，让人豁然开朗。院落空间宽敞，东西两侧各有厢房围合。

三殿二天井是该会馆的主体建筑，前殿为卷棚式，卷棚内做轩，面阔5间，进深1间，通高7米，绿色琉璃瓦盖顶（图5.18）。中殿面阔5间，进深3间，通高8米，为单檐硬山。后殿为玉皇殿，后殿后檐黄色琉璃瓦顶，两楼一底通高16米，下檐硬山式，

图5.18 前殿

一楼一底5间，上檐歇山式阁楼，面阔3间。三殿之间，开朗无相继，总而构成前后两天井，由于正殿与后殿之间的庭院尺度非常局促，仿佛取岭南建筑中"子天井"以避免阳光直射之意，不似成都平原一带院落式建筑多以大庭院以利于夏季通风散潮气。

会馆中最有特色的是两侧有高拱曲起的砖砌封火山墙，每个墙头各耸立三墙半圆形巨壁，高低参差，跌宕起伏，曲线优美，雄伟奇观。整座建筑规模宏大，金碧辉煌，气势巍峨。

（3）装饰艺术

广东会馆中书法楹联众多，主体建筑上有六幅石柱楹联，分别为：① 前殿明间檐柱：（上联）此间故人今何在？只剩得乐楼与耳楼，相见当年缔造；（下联）此外能手究属谁？惟重新佛殿诸神殿，合观后世营造。此联既歌颂前人功德，又褒扬后人业绩。② 前殿次间檐柱：惨淡经营，庙貌独怜供一炬；努力缔造，神庥共祝保千秋。上联真实地记录了客家人刻苦勤劳的优良品德以及对火灾发生的无限惋惜和伤痛，下联则表达出客家人艰苦创业勇往直前的信心和决心。

③ 中殿明间檐柱：庙堂经过劫灰年，宝相依然，重振曹溪钟鼓；华简俱成桑梓地，乡音无改，新增天府冠赏。④ 中殿次间檐柱：衣钵绍黄梅，浓荫遮帐，蜀岭慈云连粤岭；坛经番贝叶，宗源溥导，曲江分派接沱江。⑤ 后殿底楼明间前檐柱：云水苍茫，异地久栖巴子国；乡关迢递，归舟欲上粤王台。⑥ 后殿底楼次间前檐柱：江汉几时清，且向新宫倾竹叶；罗浮何处是，但逢明月问梅花。大门外还有三幅石柱楹联：① 大门外明间檐柱：遗风喜见，人文蔚起；瑞气伫看，甲第蝉联。② 大门外次间檐柱：石牛叶吉，秀毓储封；系衍曹溪，思流洛水。③ 大门外尽间檐柱：天马呈祥，灵钟紫谱；宗传梅岭，泽荫巴山。[1]这些对联有的表达出对故土的眷恋之情，有的是对新的生活的期许。

各殿的撑弓雕有坐狮、戏剧人物和花鸟图案。卷棚天花精雕至极。殿面杭上有各式花格，中棚上刻有金色祥龙。

5.1.4 自贡西秦会馆（山陕会馆）

自贡旧称自流井，是座用盐

[1] 王雪梅，彭若木.四川会馆[M].成都：四川出版集团＆巴蜀书社，2009

塑造起来的城市，被誉为"千年盐都"。"因利所以聚人，因人所以成邑"，于是商贾纷纷云集自贡，会馆建筑也孕育而生，自贡曾有西秦会馆、贵州庙（已毁）、火神庙、王爷庙、桓侯宫。而西秦会馆是由资金最为雄厚的陕西商人合资修建，用以"炫耀郡邑""款叙乡情""共迎神庥"。会馆供奉关羽神位，因此亦名关帝庙，俗称陕西会馆。

5.1.4.1 会馆建筑的历史概况

西秦会馆建于乾隆元年，历时16年，至乾隆十七年（1752）竣工，成为自贡地区首座会馆建筑竣工。道光七年至九年（1827—1829），西秦会馆进行了一次大规模的维修与扩建，"壮丽倍前"。辛亥革命时期，同志军进驻自贡，设总部于西秦会馆，会馆曾遭滇军炮轰，龙亭被毁。从1938年起，这里先后成为了自贡市政筹备处和自贡市政府所在地。1952年，自贡市盐业历史博物馆以西秦会馆为馆址正式成立并对外开放，并进行了一次大规模的维修。文化大革命时期，博物馆的职工为了使馆内的精美的木雕和石雕免遭破坏，用木板将其封盖，刷上红漆，写上毛主席语录。

5.1.4.2 会馆建筑的现状分析

西秦会馆位于自贡市自流井区，后枕龙凤山，前临解放东路大街。其总体布局方正，强调对称，轴线明确。沿中轴线布置一系列建筑单体，布局紧凑、结构繁复、装饰华丽、气势恢宏，融官式建筑和民居建筑于一体，形成独特的建筑风格。

（1）平面布局

西秦会馆坐南朝北，中轴线布局，占地面积约3600平方米，在长约86米的中轴线上布置主要殿宇厅堂，依次为：武圣宫大门、献技楼（戏楼）、参天阁、中殿和祭殿。周围则用廊、楼、轩、阁以及一些次要建筑环绕和衔接，建筑外围由山墙环绕，形成有纵深、有层次、有变化的院落空间（图5.19、图5.20）。

西秦会馆平面采用院落式布局，由中轴线上一大一小的院落和中殿周围的两个花园庭院构成了整个建筑群体。中轴线上的两个院落将整个会馆分为三部分。第一部分是以天街院坝为中心，以献计楼、大丈夫抱厅和两侧的厢房围合的一个开敞、明朗的空间。在这个部分，献计楼、大丈夫抱厅处于中轴线，成为主轴线的两个端点，金镛阁和贲鼓楼分别置于两厢房之间成为另一轴线的端点。这一部分主要用于聚会、看戏的空间，因而建筑空间比较开敞、面积比较宽裕，院落

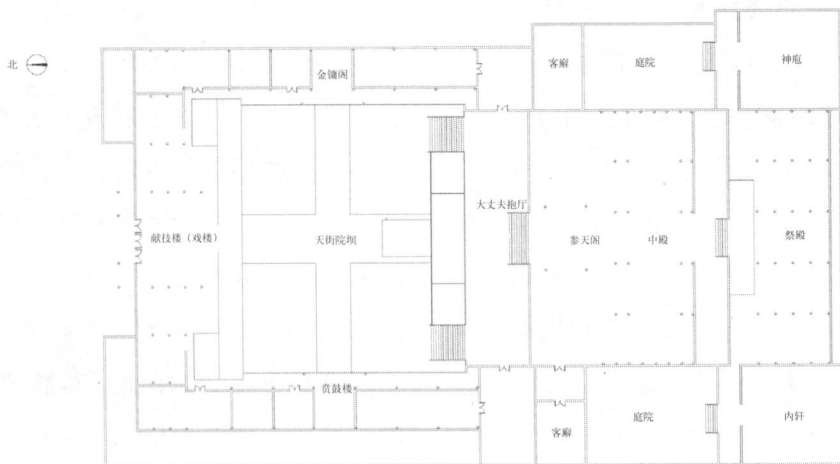

图5.19　自贡西秦会馆平面图

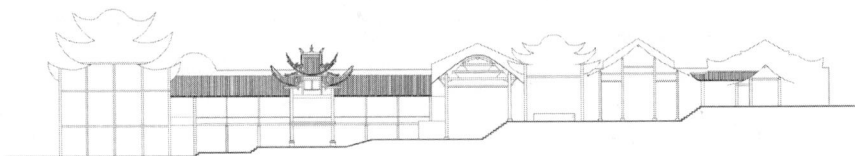

图5.20　自贡西秦会馆剖面图

面积789平方米，充分体现了文娱活动的大众需求性。第二部分主要包括参天阁、中殿以及中殿两侧的庭院。这部分轴线上布置较为紧凑，但内部空间疏朗。两侧的庭院则营造出一种曲径通幽之趣，在对称轴线布局的建筑群落中融入了一丝清新和别趣。第三部分则为中殿和祭殿以及其间的一个狭小的庭院。这部分布局较为紧凑，庭院狭长，强调一种私密和神秘感。

（2）空间结构

西秦会馆武圣宫大门采用的是混合式牌楼门的形式，门楼面阔三间，共有一进，大门开在后一列中柱之间。前一列柱支撑上面的牌楼。大门前方的一对高大的坐狮扭头雄踞在须弥座上突显了其地位的显赫，大门前檐檐柱柱础做成石狮、石象更显得气魄不凡。大门与其后戏楼背靠背而立，两面望去，自成独立建筑。而从基座到屋顶又穿插交错，形成一座不可分割的复合建筑。穿过正门，就来到了与之紧靠的戏楼的架空的底层空间，从戏楼下穿过，就进入内院，这种做法称为门楼倒座。武圣宫大门为歇山式屋顶，做成精妙的四柱七楼式，左右两列飞檐高翘，其形制颇似一"人"字形飞雁，腾空而起，直插蓝天。檐下采用明清时期四川地区常用的如意斗栱，黑漆鎏金，华丽非常。高翘翼角之上各挂风铃一个，迎风作响，铿然有声。各种翼角鸥尾，大小参差，高下起伏，蔚为壮观。虽然有些伤于工巧，但还是极具独创精神。其后戏楼为三重檐歇山顶，翼角起翘疏展修长。在面向庭院紧靠最上层歇山顶正脊处加建了一个六角攒尖顶，后两角嵌入上层歇山顶中，构成一个巍峨的大屋顶。从侧面俯瞰，与武圣宫大门的屋顶浑然一体，气势磅礴，令人惊叹。

从大门进入，穿过相对低矮的戏楼下空间，来到天街院坝，风格一转，整个两厢与前方抱厅均用轻灵的卷棚顶。但在两厢长长的卷棚顶中还有变化，左右各做贲鼓阁、金镛阁（图5.21），采用重檐歇山顶，西秦会馆各建筑屋顶鸟瞰高翘临空，打破了两厢卷棚的单调。天街院坝整个地面用方正的青石板（海漫）铺砌，平坦如履。其上全无其他构筑物，只在四角放不同石雕角兽，

整个场地使人一览无余，产生一种舒展开阔之感。院坝正对高2.2米的月台，左右翠柏苍松，为整个院坝增加了庄重之气。这里是会馆主要的活动空间，也是最可以表现建筑魅力的空间。首先是西秦会馆气势非凡的戏楼造型，给人以耳目一新的感觉。戏楼宽9米，进深8.15米，前台深4.15米，后台深3.2米。共分四层，第一层架空为入口通道，在此之上，依次为献技楼（舞台）、大观楼和福海楼。献技楼面向内院，福海楼则面向大街，俱为单向，互成交错。而大观楼较宽大，下接"献技"，上承"福海"，前后向两面开窗。这样一来，戏楼虽为四层，但从大街和内院两面望去均为三层建筑，极富创造性。而且"大观楼"民间称为"加官楼"。"按封建习俗，凡在演戏

图5.21　自贡西秦会馆金镛阁

173

中，有头面的人物到场，需在紧锣密鼓中，由一人饰天官，带粉脸面具，手执锦标，于音乐中在加官楼上出现，并将锦标打开，内书自贡会馆建筑文化探析'指日高升''天下太平'等金色字样。"这一戏楼形式，在四川地区亦属少见。院坝周围开敞的厢房二层与戏楼、耳房相连，同大丈夫抱厅一起形成一个通畅的"回廊"，使得整个观戏前区空间流线简洁、通畅。抱厅两面开敞，成为前后公共、半公共区域的过渡空间，中殿两侧构筑封火山墙，双坡硬山屋顶。面阔5开间，进深6架椽。前后两坡不对称，前檐略高于后檐，檐下做斗栱，作为装饰构件。有游龙、飞凤等雕刻其上，刀法圆熟。中殿前方完全开敞，这里是会馆的半公共空间。抱厅与中殿的组合本来平淡无奇，但设计者巧妙地在两者之间加建一四重檐六角盝顶的参天阁，平地拔起18.32米，使这一本来不起眼的空间一下子突出为全馆的一个重点，与武圣宫大门遥相呼应。参天阁左右二客廊圆门之上还作重檐庆殿式屋顶，使这一空间更显得檐角相凑如斗，错落有致，一派"廊腰鳗回，檐牙高啄，各抱地势，钩心斗角"的阿房风格。池，连通碧

水，加之池水清澈，游鱼可数，池壁上生动石雕，勃然有生气，使这一空间有了一丝开朗之气。伫立桥面、池畔，可举头望蓝天，俯首观游鱼，亦可透过客廊圆门，借景以观花草竹树，领略"风暖鸟声脆，日高花影重"的意境。其后中殿也完全开敞，与前面空阁、小桥组成一个空间上连贯的体系。从中望去，由参天阁形成的景框正对戏搂，有如一幅完整的图画。构思之巧，令人折服。

在经过了参天阁这一不拘法式，小中求变的庭院之后，穿过分置两旁的"留三日香"和"胜十年读"客廊雕花圆门，来到了比较私密的两个庭院。这两个庭院左右分置在正殿旁，虽位置对称，但构园景物却各不相同，但都力求曲折幽深，景物布置疏密相间，池、树、花、草不一而足，给人以亲切、宁静、曲折而富有变化之感。二院还通过中殿左右山墙上的宝瓶形庭门相连，两门相望，给人以幽深静谧之感。这里的闲散气质又与前院的纤巧复杂形成再一次的对比，使人心境一波三折，极尽变化之能事。

正殿面阔5间，进深8架椽。正面左右各出抱厦，作卷棚顶，

前方为两重檐，檐廊下用卷曲的天花处理成轩。正立面形制左右严格对称，十分庄重，气魄十足，符合祭祀要求。但从其剖面看，却见屋顶前后完全不对称，后面只作一坡，一拖到底，搭在其后砖墙之上，借鉴了民居"拖坡"的手法，形式自由。这种形式变化的运用，既满足了功能需要，又简洁省工，不失为一种灵活的变通。

西秦会馆整个建筑沿龙凤山山脚从南至北采用"筑台"的方式层层抬高，给人以"步步高"的感觉，总的建筑组群则用山墙环绕，形成标准的封闭性布局。这种布局产生了必然的立面外观。各个建筑的背面、侧面和围墙连接在一起，形成一条蜿蜒起伏的封火山墙，从山墙上露出一系列屋顶。由于各个建筑物的高度及体量大体上由前到后逐渐增加，就使得这条横带上的建筑物轮廓呈现抑扬顿挫的节奏，静中有动，妙趣横生。[1]

（3）装饰艺术

雕刻

遍布全馆的精美木雕和石雕则是这幢建筑物的灵魂，西秦会馆的雕刻艺术集木雕和石雕为一体，风格独特，内容丰富。题材主要包括戏剧场面、历史故事、神话传说、社会风貌、博古器物、花卉鸟兽、民间图案等，构成了一首首无声的诗。

据《西秦会馆》一书统计，馆内有人物、故事情节的石雕、木雕共127幅。其中，人物雕像居多，计500余人；石雕70幅，独体兽雕24尊，其他如博古、花卉、图案等木雕、石雕数千幅。[2]大部分人物形象都上佛金，栩栩如生，光彩照人。石雕保存完好的包括大门石座狮、柱础狮、象各一对，石雕抱鼓石一对，石刻园雕小品约二十件和抱厅石浮雕等。其木雕主要集中在戏楼、贲鼓阁、金镛阁楼栏板，主要建筑的雀替、额枋、撑弓等位置。

脊饰

其屋顶全用筒板瓦方式铺砌，瓦当滴水一应俱全，做法非常正式。屋顶显得比较厚重，有北方建筑风格。但其脊饰做法却又同南方风格一样丰富多变，各种脊花、鸱尾、正脊装饰物纷繁复杂，精巧至极。

[1] 谢岚. 自贡会馆建筑文化研究[D]. 重庆: 重庆大学, 2004
[2] 郭广岚, 宋良曦. 西秦会馆[M]. 重庆: 重庆出版社, 2006

5.1.5　宜宾滇南会馆

宜宾，古称叙府。清代中叶，叙府与昆明的驿站修建好以后，马帮常年运输于道，人员来往频繁。古时商品交流异常丰富，以至于民间有"搬不完的昭通，填不满的叙府"之说。宜宾南城潼关码头、栈房街、走马街一带成为当时川南最大的川滇贸易市场，山货、药材交易更是长盛不衰。

5.1.5.1　会馆建筑的历史概况

宜宾属清代南丝绸之路重镇，云集众多滇商，为联谊结会、议事娱乐由众多滇商出资修建滇南馆。会馆修建于光绪七年（1881），到光绪三十年（1904）完工，总共用了二十三年，为祭祀在"文化大革命"时期曾遭到严重的破坏，大部分建筑被毁，曾经的5个院落，只剩下一个，辉煌之势大减。2002年，宜宾市政府拨出专款复原了大门、戏楼、戏楼两廊、文星楼等部分建筑。

5.1.5.2　会馆建筑的现状分析

（1）平面布局

滇南馆位于宜宾城西南，南临下走马街，东临集义街，西临信义街，北临水池街，占地达5000平方米，如今只剩下一个院落。

会馆呈中轴线对称布局，轴线上依次有山门、戏楼、院坝，正殿已毁。两侧厢房依存。原来的格局现已无法考究，甚是遗憾（图5.22、图5.23）。

（2）空间结构

滇南馆正临街道，山门为五花山门，三开间，中间为入口。三个门的两侧各置有抱鼓石，石

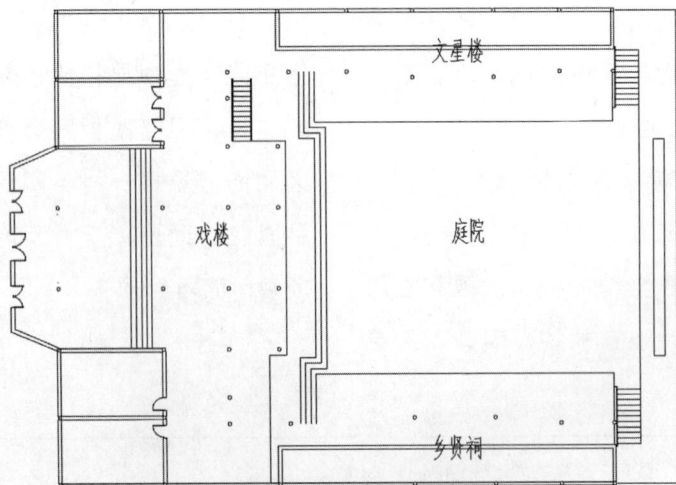

图5.22　宜宾滇南馆平面图

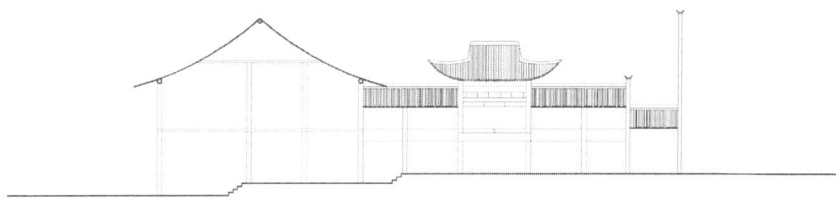

图5.23　宜宾滇南馆剖面图

上搁置这石狮，憨态可掬（图5.24）。进入山门便进入会馆底楼的底层部分，底楼底层低矮，通过戏楼，经过几步台阶就进入了院坝空间。院坝两侧为一楼一底的厢房，厢房两侧各有阁突出，似与西秦会馆中的金镛阁和抱贡楼一致。正殿已毁，现为高耸的一面砖墙，墙上雕有会馆原有的格局。整个建筑飞檐翘起，雕饰繁复。

（3）装饰艺术

会馆建筑设计精巧，布局考究，画栋雕梁颇具匠心，石刻和木雕艺术浑厚精湛。山门以石雕为主，门楣上雕饰繁密，以人物为主。大门上方雕刻两条龙，且施佛金。门上方有牌坊，刻有阴文"滇南馆"，两侧有对联"载宝故乡来如披滇海虞衡志，合簪公燕举更奏梁洲鼓吹辞"，这是为成都武侯祠撰写对联的文人赵藩所写（图5.25）。

戏楼和檐部亦是装饰的重点，以木雕为主。戏楼的栏板、撑弓、吊瓜、檐下、廊柱窗棂处都施木雕，以人物故事、花草鸟兽、器皿等为主，雕刻细密，工艺精细，栩栩如生。其上施金，色彩艳丽，气势辉煌，极尽精巧。戏楼建筑别具一格，其部分

图5.24　宜宾滇南馆山门

图5.25　宜宾滇南馆山门对联

板壁曾嵌有大理石，为云南马帮从2000余里外的云南驮运而来。

5.1.6 顾县聚圣宫（川主庙）

顾县古镇位于四川省广安市北陲，隶属于岳池县，位于其东部，南枕白云岭，北临伊洛河，土层丰厚，水沛田平，农业生产自然条件优越，农耕文化在这里得到传承和守护。古镇修川主庙的历史要追溯到清代乾隆年间。那时，绕镇而过的金城河，一遇暴雨便洪水泛滥，水患时常侵扰场镇居民。不知何人沿用了战国蜀郡太守李冰治水的经验，在金城河上筑堰治水，金城河水驯服了，百姓得以安居乐业，顾县场镇上的商贸也繁荣起来了。后人为了缅怀李冰，便集资在此修了川主庙，供奉李冰神像。

图5.26　川主庙正立面

5.1.6.1　会馆建筑的历史概况

聚圣宫是为纪念李冰治水功德而建。始建于乾隆四十七年（1782），经道光、光绪年间维修及重建。现为顾县镇顾兴社区调解文化大院。

5.1.6.2　会馆建筑的历现状分析

（1）平面布局

位于中华街中部，坐东朝西，背对着街道。建筑依轴线对称布局，轴线上依次为戏楼、院坝、正殿和后殿。两侧厢房连接戏楼和正殿，正殿内供奉着李冰神像。总占地面积1500平方米，院落布局紧凑。现今的大门位于后殿明间，向街道直接开门，很明显不是原有的格局。原有的大门很明显是从戏楼而入，戏楼前有走廊台阶，戏楼上部有"聚圣宫"的牌匾。但戏楼前的空间现已荒废，无法辨别其原来的面貌（图5.26）。

（2）空间结构

现存的入口位于中华街，由后殿的明间进入。但从现存的布局来看，应该由戏楼而入。入口位于一片荒芜之地中，由台阶拾级而上，便抵达一个门廊。穿过门廊便是会馆的入口，入口为三开间，重檐歇山式。在两檐之间置有牌匾，蓝底金字，书以"聚圣宫"。由门而入，就进入了戏楼的底层空间，此戏楼的底层空间较其他戏楼显得更为开阔高敞。戏楼面阔3间，进深3间，明间较宽敞。屋檐升起平缓，起翘较小，只是垂脊稍翘起。

穿过戏楼便抵达院坝空间，空间开敞明亮，两侧各有厢房，面阔5间，穿斗结构，为单檐悬山式屋顶。从院坝拾级而上，便到达祭祀殿堂。殿堂面阔5间，进深3间，悬山屋顶，穿斗叠梁综合式梁架结构。中间三间为祭祀用房，两侧尽间则为辅助性用房。在进深方向明间被隔成两个空间，前两进用于供奉蜀郡太守李冰神像，后一进现为入口（图5.27）。

（3）装饰艺术

聚圣宫整体风格朴实，没有其他会馆建筑中繁复的木雕，主要以馆内的石雕和彩绘为主。主要集中在抱鼓石和台阶中间的坡道。在入口的台阶中央，有一块雕有卷云和龙图案的石雕，卷云采用浅浮雕，龙采用高浮雕（图5.28）。其形态逼真，雕刻精美。还有一处是位于大殿之前，亦是石雕，图案为二龙戏珠，均以高浮雕雕刻（图5.29）。在大殿的两侧稍间墙壁上均有彩绘，以人物故事为主。这在其他会馆建筑中是很少见的。建筑整体清新朴实，极具当地民居风格。

5.1.7　石阡万寿宫（江西会馆）

石阡万寿宫和全国所有万寿宫一样，又称豫章（今南昌，泛指江西）会馆或江西会馆，是江右（江西古称江右）商帮融资、议事、振济的会所。江右商帮素重孝道，故供奉在豫章传道的东晋道士许逊。《十二真君传》称许逊为"孝道之宗""众仙之长"。从明万历年间到清道光年间约250年是石阡历史上商贸最为发达的时期。乌江航道在石阡西部、龙川河航道在石阡东部形成"终极码头"，从巴蜀溯流而上的川盐从这里上岸直达黎平、镇远、铜仁、思州诸府，而这些地方的物产又从这里直抵川南涪陵江岸，此时的石阡"南通巴蜀，北接荆楚江南"，是全国商道要津。

图5.27　川主庙门廊

图5.28 川主庙入口处的龙雕

图5.29 川主庙大殿前的龙雕

江右商帮就是在这种大的历史背景下进入石阡的，他们中的许多人在石阡定居下来繁衍生息。

5.1.7.1 会馆建筑的历史概况

万寿宫始建于明万历十六年（1588），清康熙五十八年（1719）重修，雍正十三年（1735）至乾隆三年（1738）重修，乾隆二十七年（1762）至乾隆三十二年（1767）重修，嘉庆元年（1796）至道光年间将原坐北向南的建筑改为坐东朝西，大门朝向仍然向南。咸丰同治年间毁于兵燹。同治九年（1870）至光绪三十四年（1908）的38年间陆续进行修复成为现规模。20世纪50年代万寿宫被改作粮仓，其装修、隔断基本被拆除。"文化大革命"中，宫内石、木刻、碑碣均被砸毁，戏楼屋顶中宝瓶、狮兽、龙鱼及斗栱部分雕花亦被破坏，牌楼塑像等装饰被销毁。20世纪80年代万寿宫西路建筑收归文物部门管理使用，并于1985—1986年由湖南洞口工艺队对戏楼部分进行全面维修。1996年对山门、围墙及屋面进行了维修。1997年戏楼部分因为西山墙外倾建筑拔榫，导致了一根过梁断裂，屋面严重歪闪，1998年9月由贵州省镇远古建筑队进行了修缮。2002年3月贵州省文物保护研究中心对石阡万寿东部三路建筑即中路的过厅、正殿，北路的紫云宫，南路的圣帝宫及围墙（封火墙）进行了现状勘察，并做出了相应的维修加固设计。

5.1.7.2 会馆建筑的现状分析

（1）平面布局

万寿宫，位于石阡府城北端，前连平桥街，后倚越城路，与自东向西毗连的禹王宫、忠烈宫(即观音阁)连成一线,全长180米,构成府城石阡最大的古庙宇群。万寿宫依地势而建,坐东朝西,由西向东渐次升高,采用中轴线布局,但由三条轴线构成,打破了传统的单轴线布局的方式,每条轴线都通过院落来组织空间,总占地面积3800平方米。从正门进入院落,由东、西两部分组成,西部为戏楼及厢房,青石铺天井大院。院中左为水池,清水涟漪。院东三宫殿一字排列,沿石阶至各殿。主要由过厅、院落和正殿组成的南路圣帝宫,由过厅、院落和正殿中路殿堂和过厅、院落和正殿组成的北路紫云宫,圣帝宫和紫云宫南北两侧都有钟楼和鼓楼,外部由山墙环绕,从而形成"院中带院、宫中套宫、墙内有墙"的独特平面结构形式。前院面积较大,能较好地满足各种聚会娱乐活动。内部的院落则以小巧取胜,和建筑关系紧密。这样的布局既能独立成院、成宫,又保证了整体建筑的视觉美,协调美,反映了古代匠师们独特的思维活动,表达了人们追求幸福、驱除邪恶的美好愿望(图5.30、图5.31)。

（2）空间结构

宫门为三门六柱大牌楼式青色砖石结构圆拱门,门体高达30米,各门均具人物花鸟图案,精雕细刻,砌制而成;图案上方,各塑扁圆瓦联,系铸刻正楷立体阳文(图5.32)。神龛中央"万寿宫"三个出自名家之手的金黄斗大的楷书字体耀眼夺目,正门

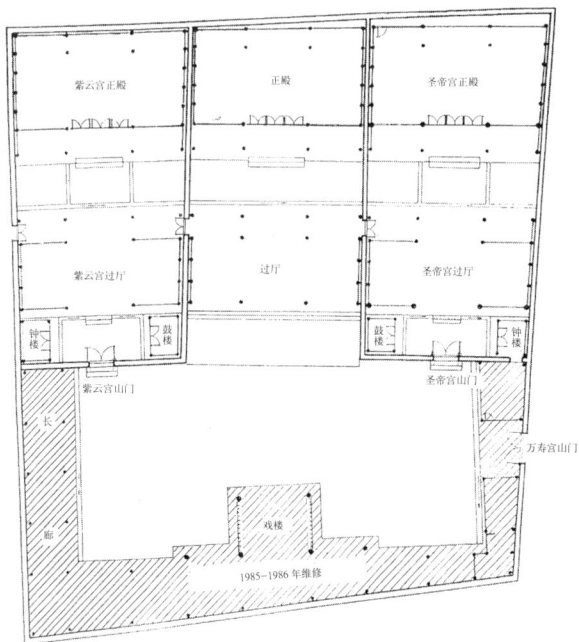

图5.30　石阡万寿宫平面图

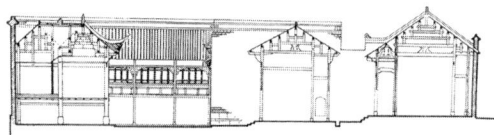

图5.31　石阡万寿宫剖面图

181

图5.32 石阡万寿宫山门

顶及神龛双龙戏珠，绕护左右，宫门前旁的双狮，仰天长啸，高约1米，门上斗栱翼角，飞檐两边气势雄伟，甚是巍峨壮观。走进宫内，若入艺术殿堂。首先映入眼帘的是富丽堂皇的戏楼和华丽的藻井。戏楼里有数十米长廊花窗，绣朵雕花（图5.33）。大门内配牌楼式小殿，前殿与左右配殿"紫云宫""圣帝宫"呈一字排列，总长40多米。入大门后配置小殿充作前殿，青石铺天井大院。院中左为水池，清水涟漪，池中小山，塑天鹅一对或低头点水，或仰天高吭；右为花台，繁花争艳，文竹缠绕，幽兰吐香（图5.34）。院东三宫殿一字排列，沿石阶至各殿。各殿大门结构装饰与宫门无异。正殿内伸仰观神架上，昔时玉皇高坐，神采飞扬；正殿两厢，配殿各二，画

柱雕梁，情趣盎然。戏楼前与正殿遥遥相对，交相辉映。后与排楼结为一体，线条朴素自然。朱红大柱，几人抱许，舞台距地3米，四周上下刻有花鸟人物、三国故事，形态逼真。台面约250平方米，绣栏旁立。正面立柱两根，含隶书对联："束带整装，俨然君臣父子；停锣息鼓，准是儿女夫妻。"两侧配柱亦具对联一副曰："从南抚临瑞吉以来游萃五府於兹为盛，合生旦净末丑而作戏少一个便不足观。"楼顶呈六角形，各翼角塑彩色龙鳌狮兽，栩栩如生。该组建筑布局严谨、结构巧妙，具有浓郁的民族风格、地方特点和中国传统建筑文化的特色。

（3）装饰艺术

石阡万寿宫山门为三门六柱牌楼式，高达五六米。斗栱翼角、人物花鸟，均以精雕细刻的巨大砖块镶嵌而成，或龙或凤、或鹿或马，皆栩栩如生，山门两侧，各立巨狮，更显其巍峨、恢宏。戏楼为整个建筑群的装饰重点，整个戏楼正脊垂脊，戗脊雕饰精美，戏楼木雕栩栩如生，花饰绿，柱饰红，人饰金，把整个戏楼及万寿宫院落装扮得典雅富丽、生机盎然。

图5.33　石阡万寿宫戏楼

图5.34　石阡万寿宫院坝

5.1.8　湖南芷江天后宫（福建会馆）

芷江侗族自治县，位于湖南省西部，地处武陵山系南麓云贵高原东部余脉延伸地带，东邻中方县、鹤城区，南接洪江市、会同县及贵州省天柱县，西连新晃侗族自治县及贵州省万山特区，北界麻阳苗族自治县及贵州省铜仁市。县城芷江镇距怀化市仅39公里。素有"滇黔门户、黔楚咽喉"之称。

5.1.8.1　会馆建筑的历史概况

芷江天后宫，坐落在湖南芷江侗族自治县县城舞水河西岸。其前身是"普安寺"，于乾隆十三年（1748）由福建客民所建，客居在芷江的福建人集资将原会馆改建为天后宫，从始建至今已有250多年，占地3700平方米，现存建筑面积1970平方米，

为内陆最大的妈祖庙。天后宫曾于1863年第一次大修，新中国成立后，驻进电厂、乡政府、财贸学校，建筑上盖保持原状，下部随着需要改装成宿舍、课堂、餐厅。2001年开始进行第二次大修。经芷江侗族自治县人民政府于1997年4月15日批复"同意地区道教协会设此办公，依法开展道教活动"，因此芷江地区的道教协会亦设于此宫中。1986年被列为省级文物保护单位。

5.1.8.2　会馆建筑的现状分析

（1）平面布局

芷江天后宫坐西朝东，正临舞水河，南北建有耳室，依轴线布局，依次为戏台、正殿、观音堂。南为财神殿，北为武圣殿和五通神殿，宫内建筑全为木构架，全部建筑结构基本保存完整，四围建有防火墙，以与四邻间隔。建筑主要院落组织空间，

183

主要有两个院落组成。

（2）空间结构

建筑正临舞水河，山门采用三花三墙，入口为拱形门洞。门两侧各有一头石狮扭头互看对方（图5.35）。山门上布满雕刻。屋檐下亦有砖雕的斗栱，屋檐起翘较大。进入大门便抵达戏楼的底层，戏楼为面阔3间，进深3间，歇山式屋顶，檐下设置斗栱。穿过戏楼，便到达院坝空间，整个院落尺寸适宜，小巧可人。由院坝拾级而上，便抵达中殿，面阔3间，进深3间，悬山式屋顶。穿过中殿，便抵达后殿院落。此院落空间更加狭小，穿过院落，就到达后殿，后殿面阔3间，进深3间，悬山式屋顶，殿内供奉妈祖。

（3）装饰艺术

芷江天后宫最具有艺术价值的是石雕。尤其以门坊的青石浮雕最具代表性。坊高10.6米，宽6.3米，呈重檐歇山顶门楼形状。两侧雄狮蹲踞，石鼓对峙；顶盖斗栱飞檐，十二金鲤咬脊，葫芦攒尖，左右青石铺地平台，围以塑有双龙、大象、金瓜饰物的石质栏杆。17级青石台阶紧接沿河石街，其下水碧波荡漾，使门坊显得更加雄伟、奇峻。坊上浮雕，共有95幅，大小不一，互相错呈。最大的2米见方有余，最小仅0.09平方米。或龙凤狮鱼，或竹木花草，或人仙神鬼，无不惟妙惟肖，呼之欲出。"鱼樵唱和"与"耕读为本"交相辉映，另有"八仙过海""丹凤朝阳""二龙争珠""狮子滚绣球""八王巡天""魁星点斗""连升三级"以及不知名者作品多幅。门坊上方正中"天后宫"三字，用笔浑厚圆

图5.35　山门

润，虽施斧凿亦极尽书法之妙。其中"洛阳桥"和"武汉三镇"两幅浮雕，被喻为门坊这块"翡翠上的蓝宝石"，浮雕采用镂空与平雕相融的工艺，构思奇巧而精致（图5.36、图5.37）。另一幅仅有0.216平方米的浮雕，将繁华的汉阳、汉口、武昌三镇尽收其中。长江、汉水汹涌澎湃，江中102艘大小船只舟来楫往，尽现百业兴旺之景象。三镇城楼房屋，鳞次栉比，无不清清朗朗。方寸之地尽显宏大场面，细微之处不失毫厘之差，其雕工堪称精湛绝伦。

5.1.9 重庆龙兴禹王庙（湖广会馆）

龙兴位于重庆市渝北区东北部，距渝北区所在地44公里，离重庆市中心36公里，处于一个在风水学说中称为"五马归巢"[1]的浅丘盆地上，面临长江支流御

图5.36 "洛阳桥"雕刻

图5.37 "武汉三镇"雕刻

[1] 谌永万，邹挺，贺柏栋，等.龙兴古镇[M]. 重庆: 重庆出版社，2009

临河，背枕铁山山脉石壁山，东与洛碛镇毗邻，西与玉峰山镇相连，南与复盛镇接壤，北与石船镇交接。

据《江北县志》记载，龙兴建镇始于元末明初，并于清初设置隆兴场，因传说明建文帝曾在此一小庙避难，小庙经扩建而命名为龙兴寺，民国时改为龙兴场。湖广填四川时，湖广籍移民将小庙改为禹王庙。

5.1.9.1 会馆建筑的历史概况

禹王庙又称龙兴寺，位于古镇藏龙街，始建于清乾隆二十四年（1759），嘉庆九年（1804）初成正殿和戏楼，道光二十五年（1845）和光绪年间有过修缮，2002年曾做过大规模的修复。大雄宝殿为2002年重新修葺，以前的后殿已毁。禹王庙现作为佛教庙宇。

5.1.9.2 会馆建筑的现状分析

（1）平面布局

禹王庙位于藏龙街，坐西向东，依山而建，平面布局呈中轴线布置，二进院落式布局，轴线上依次布置有：山门、戏楼、牌楼和大殿，左右两侧厢房连接戏楼和牌楼。

（2）空间结构

山门为砖石结构，四柱三开，由中间大门进入戏楼，戏楼底层空间低矮。戏楼面阔5间，进深3间，单檐歇山顶。院落空间较宽敞，院落拾级而上，牌楼即映入眼帘。牌楼面阔5间，三重檐歇山顶，抬梁梁架，前排柱为石柱（图5.38）。两侧的厢房为一楼一底形式，穿斗式结构，悬山式屋顶，两厢楼中间各有一楼阁相互对峙，单檐歇山式屋顶，黄色筒瓦（图5.39）。大雄宝殿为2002年

图5.38 龙兴寺山门

图5.39 龙兴寺厢房

重新修葺，以前的后殿已毁。禹王庙现作为佛教庙宇。

（3）装饰艺术

禹王庙风格朴实，主要装饰集中与戏楼的屋顶处和牌楼的檐下。屋顶采用黄色琉璃瓦件，正脊上有二龙戏珠的灰塑，二龙形态逼真，栩栩如生。戏楼的栏板和牌楼下额枋和挂落中的雕刻也保存较完整，多以人物、龙等鸟兽为题材，密集繁复，有很高的艺术价值。

5.2 行业会馆案例分析

5.2.1 自贡桓侯宫（屠宰业会馆）

5.2.1.1 会馆建筑的历史概况

桓侯宫，俗称张飞庙，是自贡屠宰帮会的行业会馆。行业会馆是伴随着经济的繁荣和行业帮会的产生而产生的。早在清代雍正年间(1732—1735)，随着自流井盐业经济的繁荣，出现了屠宰工人的屠沽帮会。到了乾隆时期，屠沽行"甫募众酿金，创建桓侯宫，凡正殿及东西两廊、戏台、山门，并供神器，无不周备而肃观瞻。"[1]咸丰十年（1860），桓侯宫毁于大火，同治四年（1865）曾进行过一次重建，但因资金短缺而停工，同治十一年（1872），由禹国安等

[1] 《重建桓侯宫碑序》

人商议提出再次重建，并"商酌：每宰猪一只，按行规抽钱贰百文，再行坞工沱材，大兴土木。越乙亥（1875年）十月，方开始演戏……是役也，殿阁楼台，既雄且丽，功力所及，生面独开，以今视昔，尤觉壮观"。[1]

5.2.1.2 会馆建筑的现状分析

桓侯宫位于自贡市区中华路口，临街而建。占地面积约有1300平方米，是一座封闭的院落式建筑。

（1）平面布局

建筑的平面布局依轴线对

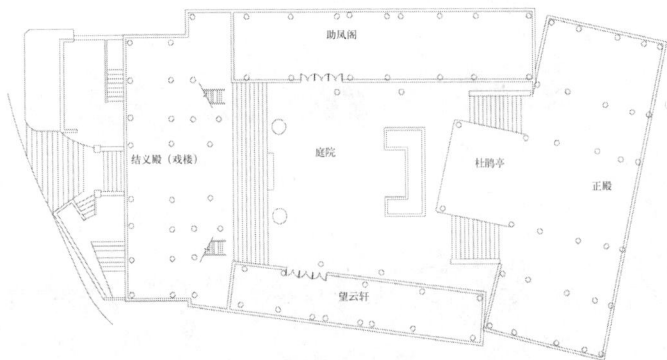

图5.40 自贡桓侯宫平面图

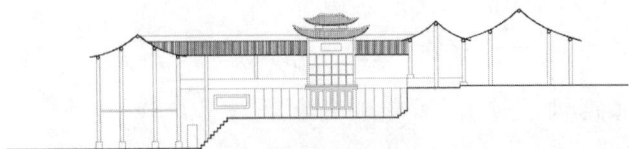

图5.41 自贡桓侯宫剖面图

称，依山而建。由于建筑建在坡度较大的坡地上，因此行人需拾级而上，层层上升，在行进中感

受建筑与环境的融合。轴线上依次排列着山门、结义殿（戏楼）、杜鹃亭、正殿，两侧厢房连接戏楼和正殿，厢房中心分别置助凤阁和望云轩，相互对峙。此建筑由于建在山地上，地形空间受到很大的限制，建筑在进深方向无法发展其院落空间，为了维系会馆建筑戏楼—看台—正殿的基本形制，设计者将正殿用木墙隔开，前半部作为戏楼的观赏台（地位较高者在此欣赏），后半部分用作祭祀张飞的祭台，布局巧妙紧凑，节省空间，又获得了良好的视觉效果，可谓一举两得。

桓侯宫沿袭了行业会馆的一般形制，仅一个院落，紧凑而有序。由于受风水的影响，形成"内正外不正"的格局，正殿和戏楼并不平行，形成一定的夹角，导致左右厢房的进深不一致，这是为适应风水术而做的一定的修正（图5.40、图5.41）。

（2）空间结构

桓侯宫地形坡度较大，因此宫中的天街亦是斜面，进大门、过天街、上正殿均需拾级而上或沿坡而行，使人感觉步步高升、别具一格。正门的朝向与前面大路有一定的夹角，因此采用了多

---

[1]《重建桓侯宫碑序》

级台阶进行修正，坡度较陡，高高的台阶把正门牌楼衬托得更加高大。在相对狭小的环境中，桓侯宫还是紧中取巧，采用了雕工精美的石牌楼来突显其入口空间。桓侯宫台阶由宽到窄，完全随地形变化而变化，上到一半，在两旁不同标高各作一月台，桓侯宫门前斜向台阶围石栏板饰以简洁的石雕，月台上各有一小台阶分别通往两侧小门。整个入口前区，台阶参差错落，月台高高低低，乍看有些凌乱，但却与地形融为一体，巧妙地引导了人流。

从台阶拾级而上，山门之前憨态可掬的石坐狮，大门左右雕工精美的抱鼓石，均与昂然壁立的高大山门形成了对比。山门为随墙石牌楼门，即在大门左右和上方的墙上用砖石贴着墙面做成牌楼的形式。牌楼做成四柱五楼式，其上翼角轻啄，玲珑秀巧。登坡仰视，山门上走凤游龙，奇花异草，各种浮雕彩绘纷呈密布，使得整个门楼显得雄健挺拔、生机勃勃，这样既节约了空间，又显示了气势。这种做法往往出现在地形条件限制较大用地较局促的建筑入口。

进入大门，戏楼之下为门厅，空间狭小幽暗，穿过门厅爬上天街便又见绿树天光。整个空间序列与西秦会馆相似，但由于地形限制比前者少了一份庄严雄伟，但更见其用尽地形、紧中取巧的功力。桓侯宫的观戏庭院较西秦会馆小，而且由于用地有限，桓侯宫的庭院离戏楼距离较近，因此直接抬高1.5米，并且庭院地坪亦设坡度，有如现在影剧院的起坡，使得观看在有限的空间中效果更佳。正殿与杜鹃亭再抬高2.2米，地坪略高于戏台平面，但正殿前方空间狭小，倒是杜鹃亭可作为观戏之用，两厢亦随地形爬升，进一步避免了视线遮挡。庭院之中绿树环绕、尺度宜人，几把竹椅，几张木桌，依靠于绿树之下，仿佛普通人家的小院，"小家巴适"，使人倍感亲切。庭院左右两边厢楼高度适宜，色彩也十分朴实，这就更增加了庭院空间的亲人性。庭院上方高踞石台之上的杜鹃亭成为单一的庭院空间的视觉焦点，其石栏板上的精美石刻又为这一朴实的庭院增添了一分"富贵"之气。从亭上俯瞰庭院，处处掩映在苍翠绿树之下，一派怡然自得之意。坐在庭园竹椅木桌之旁小酌品茗，环顾四周，绿树厢房，相映成趣。仿佛置身于街边路角之茶僚酒肆，真是有点乐而忘返。

桓侯宫戏楼面阔3开间12.85米，进深3间9.5米，采用卷棚歇山顶，后两角插于左右耳房只上，前两角高高翘起，面向庭院。与前方杜鹃亭的歇山顶相互呼应。左右厢房用川地民居中最为常见的悬山屋面，随地形爬升，做成层层上叠的屋顶，左右并不对称，随性自然，在方寸之间极尽变化，颇有山地民居的风格。厢房在极有限的空间中还是作了左右望云轩、助风阁(左边望云轩已毁)，采用重檐卷棚歇山顶，形似西秦会馆的贲鼓、金镛二阁，只是缩短了出檐，起翘也比较小。上方卷棚歇山高起在山墙之外，下一重檐却在山墙之内，后面两角被山墙挡去不作，只作面向庭院两角，却依然保证了其正面外观的完整，与西秦会馆正殿做法异曲同工。会馆正殿面阔5开间21.5米，进深4间，13.55米。大胆采用普通民居手法，直接使用双坡悬山顶，并在山面加设披檐，加上其上全用小青瓦仰合覆盖，与普通民居无异。但在正脊和吻兽又采用大式做法，突出了正殿的地位，充分能表现了民间工匠们的匠心独运。俯瞰桓侯宫，方寸之地，密集的屋顶变化精巧，朴实的小青瓦配上白色的灰塑脊饰，庭院之中透出的一点绿树，显得雅致清新，生动活泼。桓侯宫与西秦会馆相比，在气势上要略逊一筹，但巧然天成。[1]

（3）装饰艺术

走入桓侯宫，随处可见巧夺天工的雕刻作品。雕刻多为石雕和木雕。石雕主要集中在山门、柱础处。踏上桓侯宫的台阶，映入眼帘的就是两个憨态可掬的石狮，随后便是雕刻精美饱满的抱鼓石。抬头即可看见雕刻密集繁复的山门。细密的石雕使得山门看起来繁复而精美。进入山门，便可看见各式各样雕刻技艺高超的柱础。除此之外，戏楼和钟鼓楼栏板上的木雕也堪称一绝，技艺娴熟，仅数米的楼沿板，却雕有戏剧画面15幅，人物达164个，还雕有大量花草等静物，以作配饰。左右厢楼石栏板上也作有浅浮雕，窗下裙板之上也多有雕饰。这些雕刻多以生活场景和自然景物为题材，生活气息浓郁，人情味十足，毫无矫揉造作之感，清新自然，朴实真挚，有返璞归真之感。从侧面也反映出行业工人更具有实用主义的理性追求，不造作，不浮夸。

5.2.2　自贡王爷庙（船帮会馆）

5.2.2.1　会馆建筑的历史概况

---

[1] 谢岚. 自贡会馆建筑文化研究[D]. 重庆: 重庆大学, 2004

王爷庙位于釜溪河流经自贡沙湾河段的转弯处，是盐运船工为确保盐船的一路平安，供奉"镇江王爷"而修建的庙宇。王爷庙过去是由正殿和戏楼组合而成，正殿建于清朝咸同时期，现在的王爷庙是过去整个王爷庙的戏楼，修于光绪年三十二年（1906），王爷庙曾作为盐警分队驻地和盐区医院，正殿以后因修井邓盐区公路时拆除。1986年由自贡市盐业历史博物馆主持进行过一次全面的修整。可见，王爷庙的"兴衰荣辱唯系盐"。

5.2.2.2 会馆建筑的现状分析

（1）平面布局

王爷庙坐东北朝西南，打破传统坐北朝南的格局，中轴线布局，前临釜溪河，后枕龙凤山，

所处的位置俗称"石龙过江"。即盐层断裂带，断裂的岩石延伸到河中，像一只意欲游过江的猛龙在跃跃欲试。现存的王爷庙仅留戏楼部分和厢房以及周围辅助部分，正殿因修井邓盐区公路被毁，但根据黄健《自流井王爷庙的建筑年代及其建筑风格刍议》中一文中表述：从熊楚拍于抗战时期的王爷庙照片和《四处盐政史图片集》上都看到了王爷庙过去的完整布局和有着十字脊的王爷庙正殿（图5.42）。[1]

王爷庙遵循传统建筑群的中轴线布局方式，轴线依次布置着：山门、戏楼、院坝和正殿，现仅存院坝和戏楼。由于在戏楼扩建之前，王爷庙前一直是自流井通向富顺、内江的大路，来往

图5.42 旧时的自贡王爷庙

---

[1] 黄健. 自流井王爷庙的建筑年代及其建筑风格刍议[J]. 盐业史研究, 1989(01)

行人商贾络绎不绝，在清末扩建戏楼之后，原意是把新建筑与正殿主体联为一体，但新戏楼已经逼近山壁悬崖，戏楼与正殿之间大陆无法改道，于是王爷庙打破传统由戏楼方向作主入口的方式，改从两厢各开一门，方便过往行人。这样形成了庙中有路，敬神的与行路的各得其便。现存的入口临街设于西南部，原正殿偏北。王爷庙的布局打破传统院落建筑的封闭而规则的布局方式，将临水的三面开敞，引山收水，将景致纳入其中，颇有古典园林中"借景"的手法，形式自由而有趣致。

（2）空间结构

在河中垒堡坎，将祭祀建筑筑在很高的台基上。很像先秦时期的"高台榭"时期的建筑风格。虽然这是种劳民伤财的做法，但是现存的王爷庙无论从其和环境的结合来看，还是从王爷庙的建筑气势来看，都是不错的。

王爷庙由戏台、院落、厢房和若干耳房组成。戏楼为抬梁式木结构，单檐歇山式屋顶，底层高2.5米，通高4.1米，面阔8.9米，进深8.85米。戏楼的两侧为耳房，其独特之处在于耳房和两侧的厢房并没有相接，而是直接暴露悬山山墙。会馆一反其他会馆规制，没有施山

墙围绕。院落尺度宜人，并内置假山、植株等，园林气氛浓郁。

王爷庙的成就不仅在于它是巴蜀地域中典型的会馆建筑，更在于它与环境的良好结合。王爷庙临水而建，锁江镇石，气势恢宏。且沿江置有一回廊，其间布置假山、植株，用台阶连接，形成一种曲径通幽之感，使庙中颇具园林气息，这是其他会馆中所罕见的。

（3）装饰艺术

王爷庙的装饰主要在集中在戏楼。整个建筑遍布精美的木雕、石雕，其内容多为福、禄、寿等喜庆场面。如一些"千家诗"小品，雕刻精美，色彩艳丽。这些雕刻都采用严格对称的方法布置，做到了规而不拘，多而不乱，疏密得体，错落有致，显露出强烈的装饰意味。

戏楼屋顶的灰泥塑集中在屋脊和前屋面上。正脊两端是鸱吻，正中置火龙宝珠一串，色彩斑斓绚丽。屋面主要以人物戏剧场面为主，精美细腻，栩栩如生，让人目不暇接（图5.43）。其他的木雕也是相当精彩，主要集中在楼栏板、衬枋、撑弓、雀替等位置。雕饰最为精妙的是戏台上方层层衬枋，层次丰富、内容多样。在其挑檐檩的下方还雕有流苏，精致至极。楼檐板

图5.43　屋顶灰塑

上雕刻多以戏曲故事为主，人物众多，富有情趣。整个色彩金碧辉煌，富丽堂皇。

5.2.3　罗泉盐神庙（盐业会馆）

早在秦朝时期，罗泉镇山涧岭底就井架林立，盐灶罗列，成为天府之国生产食盐的重要基地之一，其产盐历史，较盐都自贡尚早五百多年。正如盐神庙石刻记："资州罗泉井，古厂也。创于秦，沿西汉、晋、唐、宋、元、明至清同治时，井数已达一千二百余眼，盐区面积方圆二百零九方里；镇上人烟稠密，商业繁荣，清代(雍正七年)在罗泉设资州分署，管理盐政……"

5.2.3.1　会馆建筑的历史概况

在人类盐业发展史上，盐业生产经营者纷纷就地营造各种庙宇或会馆，以炫耀郡邑，显示财富。广大盐业生产经营者为了寻求精神寄托，祈祷神灵保佑，共磋盐业生产、经营、技术，筹资修建了盐神庙。清同治七年（1868），由巨富钟氏倡议，盐商们集资18000两白银，在第一口井处修建了这座盐神庙。现在庙门前有一石刻，上书：镇上人烟稠密，商业繁荣，盐商们为祈神保佑盐业发达，方便集会，在同治七年筹资修建盐神庙。罗泉人每年10月10日都要举行隆重的仪式以纪念管仲（这天正是管仲的生日），管仲为发展盐业的先驱者。

5.2.3.2　会馆建筑的现状分析

（1）平面布局

盐神庙坐东向西，依山而建。占地面积1275平方米，建筑面积1191平方米，沿袭古代建筑的传统方式布局建造，采用沿轴线南北方向纵深发展，在长达52米的地基中轴线上，依次布置有戏楼、院坝、厅堂和正殿，院坝两侧各有厢房连接戏楼和厅堂，庙门临街。除临街一面之外，其余三面或与邻近街房相接，或同居民宿舍相连，形成与古街浑然一体、院落错综别致的独特群体，显示出盐神庙的威严庄重。两侧各有一个150平方米的临街店铺，左铺是盐商现货交易处，右铺是盐商品茶谈天之地。

（2）空间结构

神庙入口一般在中轴线上，盐神庙也不例外（图5.44）。所以入口便置于戏台下方，大门只比街道稍高，行人进入戏台下仅两米多一点的通道，既低矮又狭窄，实现范围十分局促，只能看见前面几级台阶以及院内的一部分，此时的情绪受到环境的感染，心里较压抑，不由得向光亮的内院走去。经过入口通道，上得几步台阶，空间豁然开朗（图5.45）。抬头看正殿巍峨雄伟，回头望戏台飞檐翘角，回顾四周回廊环绕。内院虽为传统石板铺天井，其宽度却远大于长度，并且向戏台有一定的坡度，其作用在于看戏时前排不挡后排视线。

另外，人群横向展开又有利于缩短视距。四周回廊既是交通所需又是看戏时的"包间"，可见古人匠心独具。露天坝后面是13级石阶，缓缓而上，可直登正殿（图5.46）。正殿坐落在盐神庙最高处，均布着四根金龙缠绕的大木柱，管仲、关羽和火神的神像就巧妙地供奉在四根龙柱的正中央。正殿两侧，均可通过一道小门，分别来到一个小天井，天井四周，各有一间小屋，以供盐神庙管事及贵宾下榻。正殿的两面山墙上，分别有一幅石膏雕像和宝剑图案，盐神庙的总体布局、结构设计、内部设置、排放水位置、大小门的方位等均隐藏于此两幅图案之中，不是内行，极难识破图中玄妙。

（3）装饰艺术

整个盐神庙重檐三级，翼角高翘，或双龙戏珠、或金凤嬉凤，均雕就画成；庙堂或木楼花窗，或梁架纵横，皆鬼斧神工。庙顶琉璃黄瓦与长筒绿瓦相间成趣，每当晴日，阳光普照，金碧辉煌，光彩夺目。

雕刻：盐神庙正殿天花板用100个方格的优质的白木镶嵌而成，每个方格内都是一幅雕刻的精品之作。或名山优景，或戏曲故事，或民间传说，或乡土风俗，精美的构图精美的工艺，让

194

图5.44 罗泉盐神庙山门

图5.45 罗泉盐神庙戏楼

人引发无限遐想。

脊饰：正殿42米长的龙脊中点，有个直径8分米的琉璃宝葫芦，龙脊上各有四条十米长的巨型彩龙，居中的两条彩龙，昂首伸须，双眼圆睁，张口直向宝葫芦（图5.47）；居后的两条彩龙，龙头分别伸向南北方，并分别与居前的彩龙相互缠绕。那群龙嬉戏抢宝图景，虽经百年日晒雨淋仍栩栩如生。熠熠生辉的琉璃瓦脊上，塑有许多飞禽走兽，它们千姿百态，魅力无穷。那造型逼真的海龙、海马、海狸鼠等海中动物，告诉人们这盐与海水有着直接关系。

书法楹联：庙中柱子上还有许多对联，如"珠溪长流演奏清歌浪舞，群人静立闲观风笑云欢"，"谁敢为非作歹，必将灾祸临头"等等。而管仲塑像侧的对联却只有上联"壮志酬齐桓创盐策历古今"，至今没有下联。

图5.46 罗泉盐神庙正殿

图5.47 盐神庙戏楼正脊脊饰

195

附表四：

图　号	图　名	来　源
5.1	湖广会馆建筑群平面图	詹洁绘制
5.2	湖广会馆建筑群禹王宫剖面图	詹洁绘制
5.3	齐安公所入口	何智亚《重庆与湖广会馆：历史与修复研究》
5.4	齐安公所高低错落的屋角	何智亚《重庆湖广会馆》
5.5	齐安公所戏楼杏花村雕刻	何智亚《重庆湖广会馆》
5.6	齐安公所戏楼重庆本地风光雕刻	何智亚《重庆湖广会馆》
5.7	齐安公所戏楼檐口下展翅的凤凰雕刻	何智亚《重庆湖广会馆》
5.8	齐安公所、广东会所剖面	詹洁绘制
5.9	广东公所戏楼佛祖慧能雕刻	何智亚《重庆湖广会馆》
5.10	广东公所"游目骋怀"雕刻	何智亚《重庆湖广会馆》
5.11	镏金龙头鱼身斜撑	何智亚《重庆湖广会馆》
5.12	广东公所看厅梁枋上的雕刻	何智亚《重庆湖广会馆》
5.13	龙潭万寿宫山门	自摄
5.14	龙潭万寿宫戏楼	自摄
5.15	龙潭万寿宫大殿梁架	自摄
5.16	洛带广东会馆入口经过的过街楼	自摄
5.17	从院坝看入口	自摄
5.18	前殿	自摄
5.19	自贡西秦会馆平面图	詹洁绘制
5.20	自贡西秦会馆剖面图	詹洁绘制
5.21	自贡西秦会馆金镛阁	自摄
5.22	宜宾滇南馆平面图	詹洁绘制
5.23	宜宾滇南馆剖面图	詹洁绘制
5.24	宜宾滇南馆山门	自摄
5.25	宜宾滇南馆山门对联	自摄
5.26	川主庙正立面	自摄
5.27	川主庙门廊	自摄
5.28	川主庙入口处的龙雕	自摄
5.29	川主庙大殿前的龙雕	自摄
5.30	石阡万寿宫平面图	詹洁绘制
5.31	石阡万寿宫剖面图	詹洁绘制
5.32	石阡万寿宫山门	自摄
5.33	石阡万寿宫戏楼	自摄
5.34	石阡万寿宫院坝	自摄
5.35	湖南芷江天后宫山门	自摄
5.36	"洛阳桥"石雕	自摄
5.37	"武汉三镇"石雕	自摄
5.38	龙兴寺山门	自摄
5.39	龙兴寺厢房	自摄
5.40	自贡桓侯宫平面图	詹洁绘制
5.41	自贡桓侯宫剖面图	詹洁绘制
5.42	旧时的自贡王爷庙	自摄

图 号	图 名	来 源
5.43	屋顶灰塑	自摄
5.44	罗泉盐神庙山门	自摄
5.45	罗泉盐神庙戏楼	自摄
5.46	罗泉盐神庙正殿	自摄
5.47	盐神庙戏楼正脊脊饰	自摄

6 巴蜀会馆集中的场镇举例

6.1 场镇概况介绍

场镇即城乡之间的以贸易交易为主的集镇，最早的集镇要追溯到北宋时期。北宋中叶里坊制度瓦解，城市（内城）出现了按行设肆的行业街市，而城市周边的广大边远州县和农村（外城）出现了"草市"，这是一种具有自发性、临时性、定期出现交换的集贸市场，这是集镇最初的形式。随着社会经济的发展，在巴蜀两江交汇便捷之地和主要驿站到达之所的草市或交通枢纽之间的草市提升为镇。至元代，已经发展到空前的规模。明清之际，巴蜀地区由于爆发大规模战争，社会经济遭到极大的破坏，荒灾不断、人口剧减，场镇也逐渐衰落。随着"湖广填四川"大移民的运动，各省籍外乡居民在此垦荒经商，社会经济得到恢复并得到逐步发展，场镇又再一次被人们唤醒，重拾繁荣。

场镇一词各地均有不同的称谓，北方地区一般称"集"，两广、福建称"墟"，川黔称"场"，江西称"圩"，湖广称"市"，江南则将具有规模的市称为"镇"。[1] 至今西南各地居民仍把赶集称为"赶场"，并有"三天一小场，五天一大场"的说法，过去一般会在每月阴历的2、5、8日，现一般改为阳历的这几天。即使在"场"演化为场镇之后，人们仍然习惯地称其为"场"。

据宋《元丰九域志》统计，元丰初年（1078—1085），川陕四路共有688个镇。但宋元之间的战争使得这个成熟的城镇体系遭受毁灭性打击，虽然明代略有恢复，但明末清初将近半个多世纪的战乱和严重的自然灾害使得场镇的建设再度中断。直到清康熙年间，随着移民运动的展开，巴蜀地区场镇的再次繁荣，离不开"湖广填四川"移民运动。来自湖广、江西、陕西、广东、福建、贵州等地的移民和商人纷纷迁居于此，垦荒经商，巴蜀地区城市经济与农村商品经济得以恢复与

---

[1] 陈锋.明清以来长江流域社会发展史论[M].武汉:武汉大学出版社,2006

迅猛发展，疏通城乡物质流通渠道的聚合点成为迫切需要解决的问题，于是一大批中小城镇和场镇在巴蜀地区应运而生。巴蜀场镇在清末已达到数千座，居全国第一，曾经成为"城市之厦的一个空间规模级别或者说是数量巨大的一个内涵丰富繁荣多元素的市街聚落体系"。

农业兴旺、商业繁荣，基于地缘和业缘双重性质的会馆也孕育而生，成为场镇中不可或缺的建筑形式，许多场镇中曾经有过"九宫十八庙"之说。如今在巴蜀的许多地区，至今仍存在大量保存完好的场镇，格局依旧的老街、鳞次栉比的民居、风华依旧的会馆无疑给我们留下了弥足珍贵的历史记忆。

明清时期巴蜀场镇通常沿路或滨水选址而建，交通的便利是其主要考虑因素之一。随着人口的增长，场镇通常沿着主要交通线路向外扩张；同时，场镇内部空间的建筑密度逐渐增加，并形成场镇主体巷道；从场镇空间功能来看，居住、商业、宗教各踞其位，表明巴蜀场镇空间布局在合格时期已形成了相对成熟的模式。下面将通过几个具体的实例来进行分析。

6.2 场镇实例分析

明清时期会馆之于场镇就如现代的地标建筑之于城市。会馆不仅是场镇经济繁荣的标志，也是当时场镇的"地标性"建筑。下面就洛带、荆紫关、仙滩、自贡、李庄、大昌等几个场镇为例，举例分析说明会馆与场镇格局的关系，并对会馆特色、现状情况等进行简要介绍和阐述。

6.2.1 洛带

位于成都平原的川西经济区，是长江上游人口最密集、开发最早、自然条件最好的区域，这一地区每年都有大量稻谷运出，此外各种经济作物也很发达。本区河流航通条件较差，但陆路交通却很方便，上游重要的大路和驿路皆由此辐射而出。该区域内城场镇密度很大，太平中原相隔8~10公里即有一场镇（其他地区15~20公里），也即是说，乡村至场镇平均还不到5公里，各城、镇、场内以及相互之间的商业贸易十分发达。[1]而洛带古镇即位于成都平原的东山地区。自古以来，洛带就是商贸重镇，随着明末清初的"湖广填四川"运动大量客家人迁徙于此，经济繁荣，贸易兴旺，各省移民会馆纷纷建立，形成了独特的客家文化。

6.2.1.1 古镇概况

洛带古镇位于四川成都市东郊，龙泉驿区北部，后枕龙泉山脉，面临成都平原，西距成都市区18公里，南离龙泉驿区府所在地龙泉镇11公里，全镇幅员20平方公里。自古以来，农业、商贸业繁荣，是成渝古道上扼成都物资西进东出的商贸重镇。

洛带历史悠久，相传汉代即成街立巷，名为"万景街"，唐宋时，隶属于成都府灵泉县（今龙泉驿区），名排东山地区"三大镇场"之首，清时更名为"甄子场"，后复用原名，一直沿用至今。洛带是成都东山的经济、政治文化中心，素有"东山重镇"的美名。镇内85%以上的居民是客家人的后裔，他们的先民是明末清初时期"湖广填四川"运动迁移至此的移民。明清时期，各省籍客家人纷纷捐资在此建造了许多精美的移民会馆，其

中遗留至今湖广会馆江西会馆、广东会馆、川北会馆。洛带也成了名副其实的"会馆之乡"。

6.2.1.2 街巷格局

整个古镇以"一街七巷子"的格局呈现，一条主街（上下街），七条巷子（分别为北巷子、凤仪巷、槐树巷、江西会馆巷、柴市巷、马槽堰巷和糠市巷）。街两边商号林立，平房与木楼相互交错，各大会馆点缀其中，主街有上下两个山门，各个巷子也有栅子门。入夜，主街山门和七条巷子栅子门一关，就构成了一个完整而封闭的防御体系。这种布局可能和客家人的移民文化相关，正如客家的另一种居住方式——客家围，亦是一种具有防御功能的居住模式（图6.1、图6.2、图6.3）。

洛带老街全长1.2公里，建筑以明末清初的风格为主，这些民居多为"单四合院式，二堂屋"结构，门外为"小晒坝"，内设天井，天井上正中为堂屋，屋脊上通常有"中花"和"鳌尖"等装饰。

6.2.1.3 建筑特色

（1）湖广会馆

湖广会馆位于洛带镇老街

---

[1] 王笛.跨出封闭的世界:长江上游区域社会研究1644—1911[M]. 北京:中华书局,2001

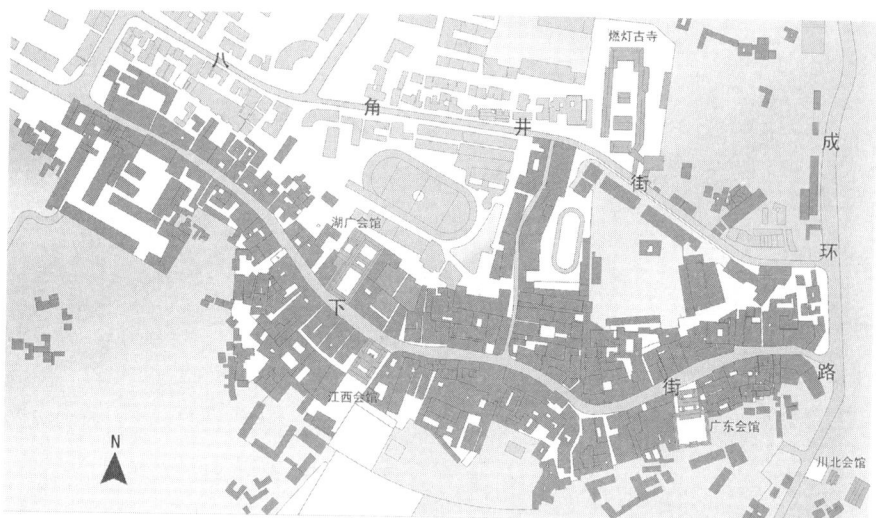

图6.1 洛带总平面图

图6.2 洛带街景1

图6.3 洛带街景2

中街,清乾隆十一年(1746)捐资修建,因供奉大禹,又称"禹王宫"。会馆坐北朝南,依中轴线对称布局,由牌坊、戏台、耳楼、中后殿和左右厢房构成,全贴金装饰,建筑面积2480平方米。现馆内设有"客家博物馆"(图6.4)。

（2）江西会馆

又称万寿宫,位于洛带镇老街中街,是由江西籍客家移民于清乾隆十八年(1753)捐资兴建,用以怀

念故乡、联络乡谊,供奉赣南乡贤神祇许真君,后毁,重建于同治十年(1871)。会馆坐北向南,刚好位于正街与支街的交汇处,以建筑背面临街,在老街上可以看到具有标志性的五花山墙,雕刻精美,独具特色(图6.5)。

会馆依中轴线对称布局,主体建筑由前中后三殿和一个小戏台构成。"前殿为单檐卷棚式屋顶,砖木结构;中殿为单檐硬山式,向天井延伸为亭,四角立

201

图6.4　洛带湖广会馆山门

图6.5　洛带江西会馆沿街面

柱，藻井梁架，须弥式戏台；后殿为硬山式，六架檐屋"。[1]四合院式布局，建筑面阔23.6米，总进深达43.9米，总建筑面积2200平方米。江西会馆在建筑上特别之处在于它在中后殿之间的天井里还伸出一个小戏台，宽4.3米，进深4.2米，尺度宜人，构思独特，为四川客家会馆中所未曾见（图6.6）。在后殿的与两厢房转角处形成两个小天井，尺度较小，和殿之间的院坝，在尺度上形成对比，这种小天井在四川当地民居中较为常见，由此可知是受四川当地民居风格的影响（图6.7）。

（3）广东会馆

广东会馆亦称南华宫，位于老街上街，始建于乾隆11年（1746）。坐西北，向东南（有望故乡之意），依中轴线对称布局。原由大门万年台（已拆除）、前院矿坝两边一楼一底的厢房，三殿二天井、后门廊房及廊道四部分组成，总占地3250.75平方米，建筑总面积为1000平方米（图6.8）。

三殿二天井是该会馆的主体建筑，体现出客家楼式建筑特色。前殿为卷棚式，绿色琉璃瓦盖顶。面阔5间，进深1架，通高7米，中殿单檐硬山，面阔5间，进深3间，通高8米。后殿为玉皇殿，后殿后檐黄色琉璃瓦顶，两楼一底通高16米，下檐硬山式，一楼一底共5间，上檐歇山式阁楼，面阔3间。三殿之间，开朗无相继，从而构成前后两天井。三殿二天井的两边，砖砌封火高墙，每边墙头，各又耸立三墙半圆形巨壁，高低参差，跌宕起伏，曲线优美，雄伟奇观（图6.9、图6.10）。

[1]　成都市建筑志编纂委员会.成都市建筑志·建筑工程[M].北京:中国轻工业出版社,1994

图6.6　江西会馆的小戏楼

图6.7　江西会馆的小天井

图6.8　广东会馆（南华宫）

图6.9　广东会馆正厅

图6.10　广东会馆山墙

（4）川北会馆

川北会馆建于清同治年间，原位于成都卧龙桥街48号，仅存有大殿和戏台两部分，由锦江区老年活动中心使用。由于年代久远、经费短缺等原因，其木构梁架腐朽，白蚁危害严重，且被鉴定为危房。除此之外，川北会馆周围被些许高层建筑、民居等永久性建筑团团围住，空间狭窄，民居和临街餐馆的火源，对川北会馆造成严峻的火灾隐患。出于上述有关问题的考虑，成都政府于2000年5月，坚持"不改变原状"的原则，将川北会馆从成都全貌迁移至洛带古镇。

该会馆总占地5亩，轴线布局，仅存戏台和大殿两部分。戏台采用重檐歇山式屋顶，面阔5建，进深3间，高12.45米，面积293平方米，穿斗式结构。大殿为悬山式和硬山卷棚式的组合屋顶，面阔5间，进深5间，高约10.8米，面积455平方米，穿斗式木架梁。屋架下部安置大量驼峰，雕刻精美，极具特色（图6.11）。

作为洛带"四大会馆"之一，着重反映了川北移民在成都遗留的历史文化，其建筑风格独特精巧，丰富了洛带的会馆文化。

代表不同地域特色的会馆建筑聚集于此，如江西会馆、广东会馆、湖广会馆、川北会馆等会馆以及已经消失的由陕西移民和山西移民合建的秦晋宫等。这些不同地域风格的会馆建筑除了保留原有做法之外，也融入了大量的当地的风格，集中地体现出

图6.11　川北会馆正立面

不同文化的碰撞和融合。"蜀地存秦俗，巴地留楚风"是洛带的最佳写照。千年的老街、流诗淌韵的建筑和独特的客家文化构成了洛带这幅历史悠久、韵味深长的历史画卷。

6.2.2 河南荆紫关

6.2.2.1 古镇概况

荆紫关位于河南省淅川县西北65公里的大山中，由于紧邻丹江，又是豫、鄂、陕三省交界处，这里自古便是"西接秦川、南通鄂渚"的水陆重镇。春秋时为楚国发祥地，附近的下寺龙山曾发掘出楚国墓葬群24座，出土青铜礼器4万余件；明清时期，更是国内著名商业贸易中心，成为豫、鄂、陕附近7省商贾云集之地，曾出现"三大公司、八大帮会、十大骡马店和二十四大商号"（三大公司系上海豪商所设，即煤油公司、烟纸公司、缝纫公司，八大帮会是各地商绅根据不同省籍建立的派别组织，主要有"山陕帮"、"湖广帮"、"四川帮"、"江浙帮"、"河南帮"、漆帮即山东帮）[1]的繁荣景象。各省商人纷纷在此建造精美的会馆，现在仍然留存的有山陕会馆（山西、陕西会馆）、万寿宫（江西会馆）、禹王宫（湖南、湖北会馆）、平浪宫（船工会馆），它与四川洛带老街一起被誉为国内保存最完整的"会馆街"。

6.2.2.2 老街特色

"四面青山一江水"是老街自然地貌的典型概括。老街处于群山环抱之中，丹江水自西北向东南穿流而过，整条街紧依丹江的高坡地带展开，街道顺应地势弯曲灵活，特别在北街与中街之间人为造成两个大拐弯，当地人

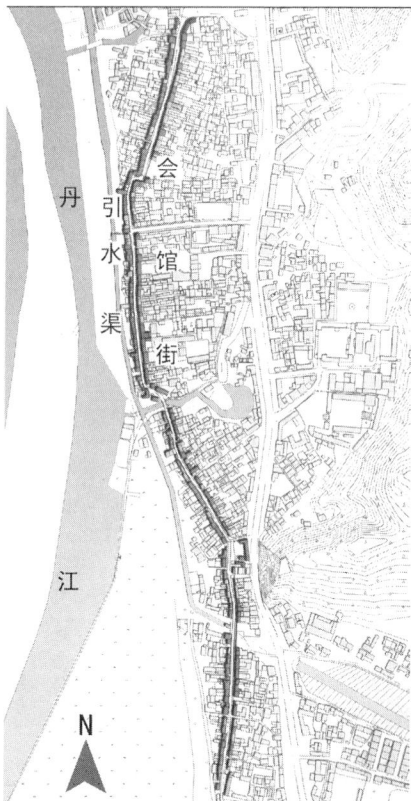

图6.12 荆紫关总平面图

---

[1] 郑青. 繁华过后: 河南淅川荆紫关镇古街[J]. 室内设计与装修, 2008(11)

图6.13 轱辘拐

图6.14 荆紫关老街

称"轱辘拐",据说是为了应对风水格局（图6.12、图6.13）。

荆紫关老街总长5里，目前基本保持着清代建筑的风貌（图6.14）。自关门向北，沿街依次排列老宅街铺七百余间，民居多是"前店后居"形式，店铺门面用木板镶嵌，里面是较深的院落，厢房对称，布局严谨，房与房之间大多有封火山墙相隔，其中最有特色的便是外地客商建造的会馆建筑。

6.2.2.3 建筑特色

（1）山陕会馆

位于荆紫关古街东侧面，始建于清道光年间，坐东向西，面临丹江，占地1700平方米，总建筑面积4000平方米，现存建筑6座，房屋29间。主体建筑依次为门楼（图6.15）、戏楼（图6.16）、

图6.15 荆紫关山陕会馆沿街面

图6.16 荆紫关山陕会馆戏楼

206

钟楼、鼓楼、中殿（大殿）、后殿、拜殿（春秋阁）。门楼3间，戏楼3间，戏楼的前后檐有木雕组画，雕绘精湛；主体建筑春秋阁，面阔3间，为硬山式建筑；钟楼、鼓楼造型优美、木雕精良，高10米，为方形攒尖顶（图6.17）。20世纪70年代，南侧的钟楼曾被毁，后经重建，为现存最华丽的建筑。沿着大殿北楼殿房穿过，便进入了后殿，后殿面阔3间，歇山式屋顶。

（2）禹王宫

又名玉皇宫，为湖南湖北会馆，紧挨山陕会馆，坐东向西，清代建筑，供奉禹王作为乡神，以精美的石雕著称。现存建筑分别为前宫、中宫、后宫三部分。如今已改为学校，除了临街的前宫还保留着当年的模样，其余的部分建筑物的内外有较大的改动（图6.18）。

（3）万寿宫

江西会馆，面对丹江，坐落在街道东侧，清代硬山式建筑。现存宫室12间，占地900平方米。分为前宫、后宫和耳房，均为硬山式建筑。现在大部分房间为危房（图6.19）。

（4）平浪宫

船工的行业会馆，宫内祭拜杨泗爷，是船工娱乐、集会之地。位于紫荆关南街东侧，始建于清代，占地面积大约为500平方米。该宫坐东向西，面对丹江，原规模很大，后因毁于"文化大革命"中，中轴线上现存大门楼、中宫、后宫及配房数间。

图6.17　荆紫关山陕会馆钟鼓楼

图6.18　荆紫关禹王宫沿街面

图6.19 荆紫关万寿宫沿街面

图6.20 荆紫关平浪宫沿街面

大门楼面阔3间,进深两间。中宫面阔3间,进深3间。宫门外有钟鼓楼各一座,为四角攒尖顶,三重檐,全木结构,顶部有宝珠和塔刹,造型精致独特。后宫面阔3间,进深3间。中后宫之间有耳房,四周被高墙围绕(图6.20)。

6.2.3 仙滩

6.2.3.1 古镇概况

现名仙市,位于四川省自贡市沿滩区北部的黄金山东麓釜溪河畔,距离自贡城区11公里。仙滩始建于隋代开皇年间,距今已有1300多年历史。相传为仙女躯体所化,古镇也因此而得名。这里自古就是自贡"东大道下川"运盐必经之地,有"古盐道上的明珠"之美誉,既是古盐道上水路运输的重要码头,又是陆路运输的重要站口。特别是"川盐济楚"之后,途经仙滩的水路盐商徒增,史书中曾有"帆

浆如织"、"马帮、挑夫盈途"的记载。盐运商旅的增加,促进了仙滩的经济繁荣,于是各省商人纷纷于此建立会馆。旧时仙滩曾有"四街、四栈、五庙(天上宫、南华宫、江西庙、禹王宫和川主庙)三码头、一鲤三牌坊、九碑、十土地"之说。而以会馆建筑最为特色,如今五庙仅存三座,分别为天上宫、南华宫和江西庙,禹王宫仅存遗址。

6.2.3.2 街巷布局

老街依山傍水而建,占地面积约17万平方米。四街基本格局还算完整,现有正街、新河街、半边街、新街子、羊肉巷等老街巷,路面宽度三四米不等。半边街长约150米,呈半圆弧形,实际上两侧都建有房屋,可见是最初的叫法(图6.21)。

传统民居多为一层至两层的小青瓦穿斗房,结构简朴,房屋墙面下半部分是木板壁,上半部分多为抹灰泥夹壁。

图6.21　仙滩总平面图

6.2.3.3　建筑特色

（1）南华宫

南华宫，又称广东会馆，位于半边街上。始建于清康熙三十一年（1692），建筑面积约1416平方米，占地1284平方米，南华宫依山而建，整个建筑内部空间分门厅、戏楼、疏楼、院坝和大殿、耳房等三级布置，依地势高差顺势而建，序进渐高。南华宫的两厢跨过街道，行人从厢房下通行，街庙合一，独具特色。

在南华宫碑记中发现了有这样的记载："门厅、戏楼、疏楼、大殿、耳房、陪房、房屋，皆口寺庙、民间建筑为一整体。循序渐进渐高，升合起伏，条井分明。疏楼下四'城门'自通左右街道，启闭自如，制人流，控应变，防未然，巧妙之极，奇特罕见。"[1]由此描述可以得知，当时的厢房不仅仅为过街楼，同时也是"城门"，有疏散和防御功能。这种独特的布置使得会馆建筑的院坝成为一个公共的集散广场，会馆的性质也变得更加开放。这种在街中置防御功能"城门"的形式在川蜀地区实为常见。在20世纪90年代末被改名为金桥寺，现为古镇重要的佛教场所（图6.22、图6.23）。

（2）天上宫

天上宫，又称福建会馆。位于半边街下三分之一处，始建于清道光三十年（1850），由戏楼、疏楼、大殿、厢房等建筑，

[1]　《南华宫碑记》

图6.22 仙滩南华宫立面

图6.23 仙滩南华宫戏楼

四合院式，平面呈"凸"字形，建筑面积为1162平方米，占地面积为917平方米。根据山体的走势级级升高，和天上宫剖面格局相似，天上宫的两厢与南华宫一样，也是跨过街道，两庙之间相距仅五六十米，两宫与街道镶成一个"串"字（图6.24）。

在南华宫和天上宫正殿两旁与两厢相交处同样发现了和洛带江西会馆相同的两个小天井，相比洛带的江西会馆中的天井显得更为狭小，整个空间只有两三平方米，可见会馆的形式和风格受到了当地民居影响。

（3）江西庙

江西庙又称江西会馆。江西庙位于正街，是江西盐商所建立的会馆，现仅存下山神庙一座，建筑面积18平方米，现已为危房

图6.24 仙滩天上宫戏楼

（图6.25）。

（4）川主庙

宏阔雄伟的川主庙，占地2220平方米，虎踞镇北金银山上，殿宇双重，气势磅礴，可惜久经风雨，目前只存正殿、下殿及厢房。

6.2.4 自 贡

6.2.4.1 古镇概况

自贡位于四川盆地南部，地处巴蜀之间。旧时称自流井，其井盐生产，发端于东汉章帝时期，晋代初具规模，唐代时期闻名全川，明清时期更进一步发展，清雍正时期已成为四川五大产场之一，咸丰、同治年间更是一跃成为四川盐业生产中心。精湛的井盐技术，巨大的食盐产量，繁荣的盐业经济，使自贡被誉为中国的"盐都"，被认定为中国19世纪中叶全国最大的手工业工场，史称"富庶甲于蜀中"的"川省精华之地"。盐业的兴旺发展，使得自贡商贾云集，经济繁荣，各大会馆纷纷在此修建，自贡曾有西秦会馆、贵州庙（已毁）、火神庙、王爷庙、桓侯宫，这些会馆建筑一同见证了自贡盐业的昌盛与繁荣。

6.2.4.2 街巷格局

明清时期的自贡会馆众多，经济发达。会馆多位于釜溪河沿

图6.25 仙滩江西庙

线，南侧主要有火神庙，北侧主要有贵州庙、桓侯宫和西秦会馆，在釜溪河流经自贡沙湾河段的转弯处有王爷庙。

6.2.4.3 建筑特色

以盐业而兴盛的城市，建筑自然也离不开"盐"味。自贡西秦会馆的山西、陕西籍盐业商人集资修建。王爷庙则是运盐的船帮为了生意兴隆出资修建的。

（1）西秦会馆

西秦会馆坐落在自贡市中心区龙峰山麓、釜溪河畔，建筑坐南朝北，中轴线布局，占地面积约3600平方米，在长约86米的中轴线上布置主要殿宇厅堂，依次为武圣宫大门、献技楼（戏楼）、参天阁、中殿和祭殿。周围则用廊、楼、轩、阁以及一些次要建筑环绕和衔接，建筑外围由山墙环绕，形成有纵深、有层

辉，尤以精美的雕刻让世人称赞（图6.26、图6.27、图6.28）。

（2）王爷庙

位于釜溪河流经自贡沙湾河段的转弯处，修建于光绪三十二年（1906），最初的王爷庙是由正殿和戏楼组合而成，正殿建于清朝咸丰同治时期，现存的王爷庙仅存戏楼。

王爷庙坐东北朝西南，打破传统坐北朝南的格局，中轴线布局，前临釜溪河，后枕龙凤山。现存的王爷庙仅留戏楼部分和厢房以及周围辅助部分，正殿因修井邓盐区公路被毁。王爷庙遵循传统建筑群的中轴线布局方式，现仅存院坝和戏楼。王爷庙的布局

图6.26　自贡西秦会馆山门

次、有变化的院落空间。西秦会馆平面采用院落式布局，由中轴线上一大一小的院落和中殿周围的两个花园庭院构成了整个建筑群体。建筑雄伟瑰丽、金碧交

图6.27　西秦会馆金镛阁

图6.28　西秦会馆戏楼

图6.29 王爷庙内景观

图6.30 王爷庙戏楼

打破传统院落建筑的封闭而规则的布局方式，将临水的三面开敞，引山收水，将景致纳入其中，颇有古典园林中"借景"的手法，形式自由而有趣致（图6.29、图6.30）。

（3）桓侯宫

俗称张飞庙，是自贡屠宰帮会的行业会馆。桓侯宫位于自贡市区中华路口，临街而建。桓侯宫始建于乾隆年间，咸丰十年（1860），桓侯宫毁于大火，同治四年（1865）曾进行过一次重建，但因资金短缺而停工，同治十一年（1872）再次重建。建筑的平面布局依轴线对称，依山而建。轴线上依次排列着山门、结义殿（戏楼）、杜鹃亭、正殿，两侧厢房连接戏楼和正殿，厢房中心分别置助凤阁和望云轩，相互对峙。

桓侯宫中突出的特色是由于受风水术的影响，平面呈现"里正外不正"的格局，正殿和戏楼之间呈现一定的夹角。山门由于与道路不平行，用台阶进行了修正（图6.31）。正因为台阶的修正反而使得建筑更加雄奇。由于建于坡地上，坡度角较大，使得整个建筑少了一份雄伟，但却巧妙。方寸之地，却见精巧（图6.32）。

6.2.5　宜宾李庄

川南经济区是以叙州府城（宜宾）为中心形成商业区域，是与云贵进行商业交往的主要渠道。宜宾是岷江、金沙江、长江三江交汇处，交易活动圈及岷江中下游、宜宾至泸州间长江南北各县、云南东北部和贵州西部地区。地处此区域的李庄古镇历史悠久，由于占有良好的地理条件（靠近长江），自古以来水运商贸就很发达，发达的经济和便利的水运交通使众多商贾慕名而来，明清时期，会馆建筑也孕育而生。

6.2.5.1　古镇概况

李庄古镇位于宜宾东郊19公

图6.31 桓侯宫山门

图6.32 桓侯宫内景

里处的长江南岸，从梁代大同六年（540）设六同郡起，李庄至今已有1600年的建置史，素有"长江第一古镇"之称。清咸丰时期，李庄是南溪县规模最发达的场镇，亦明清时期为水运商贸之地。因依长江繁衍生息，形成了"江导岷山，流通楚泽，峰排桂岭，秀流仙源"的自然景观。

古镇古建筑众多，规模宏大，过去曾有"九宫十八庙"之说。现在完整保留的有东岳庙、禹王宫、文昌宫、南华宫、天上宫、张家祠堂、旋螺殿等。

6.2.5.2 街巷格局

李庄镇现有文星街、慧光寺街、麻柳街、纱子街、小春市街、广福街、羊街、席子街、铧厂街、临江路等18条街巷，风貌保护较好的有席子巷、羊街、麻柳坪巷等（图6.33、图6.34）。

6.2.5.3 建筑特色

（1）禹王宫

现名慧光寺，建于清道光

图6.33 李庄街景1

图6.34 李庄街景2

十一年（1831），是坐南朝北，面向长江。由一主一次两个四合院构成，中轴线对称布局，建筑面积2200平方米。轴线上依次有山门、戏楼、正殿、后殿，两侧有魁星阁及厢房等建筑，其山门、戏楼均为重檐歇山式顶，檐下饰如意斗栱，整个建筑制式宏阔，封火山墙、屋顶造型生动。著名的九龙石碑位于慧光寺内，高2.7米，宽1.3米，雕刻有九条穿梭遨游于云海中的神龙，除正中的一条外，其余八条均呈对称状分布的左右两边，为石雕中的精品（图6.35、图6.36）。

禹王宫为抗战中迁驻李庄的国立同济大学校本部驻地。新中国成立后为李庄粮站仓库，1992年恢复佛教活动后，取《无量寿经》中"慧光明净，超逾日月"之意更名为慧光寺。

（2）天上宫

现名玉佛寺，始建于清道光二十五年（1845），是福建籍移民所建，曾供奉天上圣母（即天后圣母或妈祖）。建筑由两个四合院组成，占地2200平方米，现存大山门、戏楼、厢房、前殿和后殿。笔者前去采访的时候天上宫正在维修，山门形制保存，但风格大变，有失原来的风貌。天上宫以雕刻艺术见长，保留有很多木雕装饰，多以深度浮雕为主，辅以部分镂空雕，线条流畅，立体感强，雕刻刀法十分精湛。木构件和门窗上都有精美的雕刻，后殿正上方的四根承檐斜撑，每根上都有一条龙或凤。（图6.37、图6.38）

天上宫在"文化大革命"时期曾受到一定程度的破坏。新中国成立后一直作为粮仓，1998年恢复为佛教用房，改名为玉佛寺。

（3）南华宫

南华宫位于下河街中段（现为滨江路），始建于清代乾隆年间。

图6.35 李庄慧光寺正面

图6.36 李庄慧光寺正殿

图6.37 李庄天上宫山门

图6.38 李庄天上宫戏楼

光绪二十二年（1896）重建，宣统二年（1910）整修。南华宫坐南向北，与大桂轮山隔江相望。占地面积2250平方米，由戏楼、正殿、后殿和厢房组成四合院布局，现格局依旧可见。戏楼山门为砖结构，受损情况较为严重，大体形制和主体结构可见（图6.39）。大殿依存，但屋顶和维护结构改动较大，现为民居（图6.40）。正殿左右各有一小亭，亭为四角重檐，尖顶，其中一亭已拆除一层，但梁架系统可见，这种亭

的做法为南华宫出少见，惜于没有完善的保存（图6.41、图6.42）。后殿依存，亦作为住家之用，封火山墙仅余留大殿旁一处。

南华宫在抗战时期曾为同济大学理学院，新中国成立后作为民居直至今日。

6.2.6 重庆巫山大昌镇

6.2.6.1 古镇概况

大昌古镇位于巫山县以北，

图6.39 李庄南华宫入口

图6.40 李庄南华宫钟楼

图6.41　李庄南华宫鼓楼

图6.42　李庄南华宫正殿

长江支流的大宁河东岸，地处陕、鄂、渝交界之地，距巫山县城陆路90公里，水路60公里，是一座具有1700多年的历史古城。由于便捷的水陆位置，为当时之交通枢纽，自然成为宁厂盐（上游古镇）的集散之地，自古商贾云集。如今的大昌城镇城区，为宋代大昌县县治所在地。当时大昌的规模是"三街一坊"，有东、西、南门围墙299丈，并有护城的沟池。明末清初之际，张献忠农民起义军多次攻打大昌，古城遂毁于战火。清初，复筑土城。嘉庆九年（1804），筑土堡300余丈，加固东、西、南门。道光元年（1821），大宁河水暴涨，城墙城门淹没。道光四年，补修城墙和东、西、南门，分别称紫气、通远、临济。由于大昌老街尺度小，故被称为"袖珍古城"。

6.2.6.2　街巷布局

大昌古镇保留有东、西、南三座城门，两条丁字形的街道和部分清代民居。东西街长约330米，南街长约150米。古镇内地势平坦，沿街多为两层硬山顶木结构建筑，多为双披檐，多有两重天井。沿街房顶上，封火山墙层层错落，翘角飞檐，形态生动，勾勒出古镇丰富的天际轮廓线。古镇以小巧袖珍为特色，有诗印证："一灯照全城，四门能通话；堂上打板子，户户能听见。"

6.2.6.3　建筑特色

（1）帝主宫

又称黄州会馆，坐北朝南，位于古城东街(图6.43)。修建于光绪十三年（1887）。帝王宫现为一大一小两井院并列组成。据其西侧山墙面有明显的两坡屋面与墙体相交的痕迹和现正殿前廊道西端封火墙有门洞来判断，帝主宫的原始格局可能是依正殿的轴

217

图6.43 大昌帝主宫

线对称，即西侧的侧殿与东侧的侧殿对称，即三条轴线的布局。现存的会馆戏楼由主次两组井院，通过廊横向联系。主轴线上依次布置着前殿、天井和正殿。西侧轴线依次有前厅、天井和后厅。前殿三开间，明间与次间开间相同，明间采用插梁式构架，3柱11架檩。正殿亦为三开间，空间高大。东侧的侧殿开间窄小，因而天井也出奇的小，前厅后檐柱与正厅前檐柱间架有一过梁，左右两道过梁间在架两根细长的枋木，小天井的"四水归堂"屋面全靠此承托。

帝主宫最具特色的是高拱曲起的三堵各具特色的封火墙，墙顶全用精美的琉璃筒瓦，气势恢宏，有凌风欲飞和古朴庄严之感，其造型是大昌众多封火墙中之上品（图6.44、图6.45）。

（2）关帝庙

关帝庙位于古镇外东北约300米，与古镇有机地结合在一起。从"修关帝庙小序"的石碑中可

图6.44 大昌帝主宫室内天井

图6.45 大昌帝主宫梁架

218

图6.46　大昌古镇关帝庙

以得知，关帝庙曾于清嘉庆二年（1797）2月大修，但其始建年代不详。

关帝庙坐北向南，建筑面积810平方米，占地面积932平方米。由散列纵向院落殿厅横向组合而成。西路的西殿由前殿、西院和后殿组成，院落较大。中路的正殿由南厅、天井、正厅构成，东路的东殿由前厅、天井和正厅构成。中路和东路的院落较小，和南方天井相似。三殿合一，面阔九间（图6.46）。

关帝庙的建筑艺术水平较帝主宫稍逊色，封火墙为三角式，脊头大多缺损。关帝庙现作为大昌镇政府办公用房。

附表五：

图　号	图　名	来　源
6.1	洛带古镇总平面图	詹洁绘制
6.2	洛带街景1	自摄
6.3	洛带街景2	自摄
6.4	洛带湖广会馆山门	自摄
6.5	洛带江西会馆沿街面	自摄
6.6	江西会馆的小戏楼	自摄
6.7	江西会馆的小天井	自摄
6.8	广东会馆立面	自摄
6.9	广东会馆正厅	自摄
6.10	广东会馆山墙	自摄
6.11	川北会馆正立面	自摄

图 号	图 名	来 源
6.12	荆紫关总平面图	自绘
6.13	辘轳拐	自摄
6.14	荆紫关老街	自摄
6.15	荆紫关山陕会馆沿街面	自摄
6.16	荆紫关山陕会馆戏楼	自摄
6.17	荆紫关山陕会馆钟鼓楼	自摄
6.18	荆紫关禹王宫沿街面	自摄
6.19	荆紫关万寿宫沿街面	自摄
6.20	荆紫关平浪宫沿街面	自摄
6.21	仙滩总平面图	根据照片整理
6.22	仙滩南华宫立面	自摄
6.23	仙滩南华宫戏楼	自摄
6.24	仙滩天上宫戏楼	自摄
6.25	仙滩江西庙	自摄
6.26	自贡西秦会馆山门	自摄
6.27	西秦会馆金镛阁	自摄
6.28	西秦会馆戏楼	自摄
6.29	王爷庙内景观	自摄
6.30	王爷庙戏楼	自摄
6.31	桓侯宫山门	自摄
6.32	桓侯宫内景	自摄
6.33	李庄街景1	自摄
6.34	李庄街景2	自摄
6.35	李庄慧光寺正面	自摄
6.36	李庄慧光寺正殿	自摄
6.37	李庄天上宫山门	自摄
6.38	李庄天上宫戏楼	自摄
6.39	李庄南华宫入口	自摄
6.40	李庄南华宫钟楼	自摄
6.41	李庄南华宫鼓楼	自摄
6.42	李庄南华宫正殿	自摄
6.43	大昌帝主宫	自摄
6.44	大昌帝主宫内天井	自摄
6.45	大昌帝主宫梁架	自摄
6.46	大昌古镇关帝庙	自摄

7.1 巴蜀会馆建筑的文化内涵

7.1.1 重要的社会民俗文化的载体

会馆建筑不仅仅是一种有形的公共建筑，同时它是集宗族、宗教、戏剧、礼制、俚俗等为一体的民俗文化的载体。建筑的平面形制、空间序列、装饰艺术都表现民俗文化特征。

尽管会馆建筑不是以"血缘"关系为纽带建立起来的宗族组织，但却是在特殊的历史背景下，新的生活环境中，为了慰藉对故土的思念之情，加强自身力量所形成的宗族思想的扩大化。

我们从会馆的平面形制中就可看到封建宗法制度的体现。首先，会馆平面多以院落组织，用院落来区分前、中、后区域，以示差别。前部分空间比较开放，后部分空间则相对比较封闭，私密性较强，与此同时，前部分空间则是更多的普通民众参与其中，而后部分空间则是供会馆中的"高层"人员"出没"。这种以院落空间来区分亲疏、开放与私密的方式正符合中国传统的封建等级制度。除此之外，中国古代的"昭穆之法"也在建筑有所体现。建筑的中轴线布局，左右（男女）厢房的对称布局和严格区分等形式特点，是当时社会推崇的昭穆之法一定程度上的反映。昭穆之法是中国古代的宗法制度，建宗庙时，始建庙居中，以下父子交替为昭穆，左为昭，右为穆。昭穆之法可以区分父子、远近、长幼、亲疏。与此相近，古代以左为尊位之称。在地理方位上以东为左，以东为上。因此会馆建筑的左右厢房，左厢房为男宾楼、右厢房为女宾楼，男女区分严格，在自贡炎帝庙成立过程和会规资料中，我们可以看到这样的记载："炎帝宫演戏……场边抱楼，不准混杂。男孩满了十二岁，就不准去女抱楼。"另外商人会馆建筑平面区分中不但分男女厢房，而且内外有别，亲疏分明，可见在这一点上，工人会馆与商人会馆一样遵循传统礼俗的制约。

与此同时，会馆建筑也同时是礼制文化的重要体现。礼制不同于一般的宗教信仰，礼既是规定天人关系、人伦关系、统治秩序的法规，也是制约生活方式、伦理道德、生活行为、思想情操的规范。在传统的中国观念上，除了将整个建筑形制本身看做是"礼制"的内容之一外，同时另外也产生了一系列由"礼"的要求而来的"礼制建筑"。"礼制建筑"一般就是指《仪礼》上所需要的建筑物或者建筑设置，再或者是"礼部"本身的所属建筑物。例如为"祭祀"而设的郊丘、宗庙、社稷，为宣传教育（教化）而设的明堂、辟雍、学校等就均属"礼制建筑"之列。在建筑布局上，因"礼"而产生的建筑元素，诸如阙楼、钟楼、鼓楼、华表等等，亦可以说是其中的一些项目，事实上它们只不过是被看做布置上所需要的"礼器"。[1]作为会馆精神寄托的乡神崇拜，是会馆精神层面中最为重要的一部分，也使得会馆建筑成为"礼制"建筑组成部分。而会馆建筑中钟楼鼓楼则是"礼器"的重要组成部分。

会馆建筑作为巴蜀地域公共建筑的一种，也承载着公共建筑的职责。会馆建筑作为日常聚会和重大节日看戏酬神的场所，对当地戏曲的产生和发展有着不可忽视的作用。首先，会馆建筑提供了戏曲表演的场所——戏楼，和供人们观戏的空间——院坝，这就为戏曲表演提供了物质条件，特别是对川剧的发展起到重要的作用。川剧是在清代乾隆时期在本地车灯戏基础上，吸收融汇苏、赣、皖、鄂、陕、甘等各地声腔，从而形成含有高腔、胡琴、昆腔、灯戏、弹戏五种声腔的用四川话演唱的戏曲。自从川剧产生后，在巴蜀地区戏楼成为了川剧传播和发展的温床。除此之外，会馆建筑中的雕刻也表现了很多戏曲故事，如《三国演义》《水浒传》《西厢记》《桃花扇》等，无不对这些戏曲故事的传播起到了促进作用。

7.1.2 移民文化与本土文化的融合体

7.1.2.1 移出地的眷恋之情

湖广移民不远千里，长途跋涉，客居异地。"月是故乡明"，背井离乡的湖广移民心中对故土的不舍和眷恋自然是不言自明的。因此他们也把这种淡淡

---

[1] 李允鉌. 华夏意匠——中国古典建筑原理分析[M]. 天津: 天津大学出版社, 2005

的乡愁融入自己的生活中，如客家洛带的移民至今还讲着地道的客家话。除此之外，他们也将记忆中的故乡融入会馆建筑中。据资料记载，早期修建会馆时，为了表达思乡之情抑或显示本土地区的经济实力，组织者甚至不远千里从家乡运来木料。他们祭拜乡神，在各处会馆中都可以看见表达思乡之情的书法楹联，也将流行于江南地区的封火墙带入川地。在许多会馆中，更是将江南园林的庭院式布局植入会馆之中，如成都洛带的江西会馆，小巧精致的戏楼，曲径通幽的庭院布局，后殿两侧还有两个尺度娇小的天井，整个会馆宛如一处江南民居般精致可人，全无会馆大气直爽之感。又如洛带广东会馆的平面布局更是沿袭了客家的习俗，将入口置于一侧，建筑的沿街正面严实宛如客家土楼。又如山陕会馆建筑中多将斗栱这种置于官式建筑的建筑结构构件融于会馆之中，这可能与山陕会馆所祭祀的乡神关羽有关，关羽被尊为"武圣"，因此，大多山陕会馆和关帝庙一样具有"武庙"的形制，而武庙和文庙一道被尊为官式建筑。

7.1.2.2 移居地的认同感

会馆建筑不仅体现了原籍地文化对建筑的影响，同时不同地域文化的引入也促进了文化之间的交流和发展，对移居地文化的认同。首先，巴蜀地区会馆的建造大多都是充分结合巴蜀地区特有的山地地形，分层筑台，巧妙地组织空间。如重庆湖广会馆建筑群以及置于各地场镇的会馆，大多都依山而建，逐级上升。这是巴蜀地域的特殊地形所决定的，也体现了移民会馆建筑对巴蜀地域环境的适应性。在建筑材料的选用上也是充分显示了地域性，除早期会馆建筑出现从家乡取材之外，后来的建造者也充分感受到就地取材的实用性。如会馆的砖大多采用本地泥土烧制，而巴蜀地区丰富的木材也给会馆的建造提供了物质基础。会馆内的雕刻也出现了反映移居地人文风貌的雕刻图案，如齐安公所戏台底部梁枋上描绘的就是重庆山地地貌和民间生活场景。这些内容都可以看出巴山蜀水的地域文化对移民潜移默化的影响以及移民对新居住地的文化认同。

7.1.3 社会经济发展状况的投影

"争修会馆斗奢华，不惜金

银亿万元"[1]反映了当时经济繁荣的情景。会馆多建于经济繁荣区域，如湖广会馆就建于当时繁华至极的重庆下半城，几乎每个场镇都会有会馆建筑。会馆似乎成为了经济繁荣的标志性建筑。而且，会馆的建造也是极尽奢华之所能，会馆建筑的奢华也是各省会馆实力的有力证明。在重庆当时流行这样的说法："禹王宫的台子，万寿宫的银子，山西馆的轿子，天后宫的顶子。"各省在修建会馆时也是极尽所能，"争奇斗艳"。这些说法除表现当时会馆建筑繁荣之景象外，也突出地表现当时经济的繁荣之景。

7.2 巴蜀会馆存在的问题

巴蜀会馆是巴蜀地区重要的历史文化遗产，它不仅在历史上具有重要的作用和地位，在今天同样具有非凡的价值。巴蜀地区的会馆建筑和其他文化建筑一样，经历了战争、十年动乱的双重摧残之后，又在经济浪潮中再次被"抛弃"。民国年间，各区县乡镇会馆还保留甚多。20世纪50年代，大部分会馆被收为公有财产，作为学校、公所、粮库以及分给群众作住房之用；"大跃进"时期，许多会馆被拆除，木料、石料被用去修水库，炼钢铁；"文化大革命"中，会馆被作为封建糟粕的典型，遭到毁灭性的破坏。到了20世纪80年代，由于经济浪潮的影响，许多开发商和政府部门在经济利益的驱使下，对大量遗存的传统会馆进行拆除。再加上自然灾害和其他突发性人为灾难的影响，巴蜀会馆的现状已经进入岌岌可危的境地了。

如：重庆"八省"会馆中一部分会馆消失在战争的炮火中，还有一部分人会馆毁于"九·二"大火之中。江津仁沱镇建有江西、福建、广东、湖广、陕西等会馆，"文化大革命"中会馆建筑遭破坏，会馆的雕刻和对联被凿毁；铜梁安居镇，过去曾有"九宫十八庙"，其中一部分是移民会馆建筑，"文化大革命"中基本被革命造反派拆掉毁坏。1990年代后，四川许多文物机构才真正意识到问题的严重性，对遗留的会馆进行修复和保护。如今四川会馆建筑的保护工作已卓

---

[1] 清·吴好文《成都竹枝词》

有成效，其中最著名的有重庆湖广会馆修复和成都洛带会馆群的保护工程。

7.2.1　会馆建筑的过度修复失去原有风貌

会馆建筑大多修建于清朝时期，且多为木结构，历经几百年的风霜雨雪、战乱动荡时期，至今只有一部分会馆得以幸存。随着文物保护工作的大量开展，会馆建筑也越来越受到社会的重视。许多留存的会馆都得到了良好的保护。由于会馆建筑历时百年，原有的结构、构造、装饰都在一定程度上遭到破坏，修复工作显得尤为重要，但在修复工作的开展中同样存在着许多误区。

7.2.1.1　色彩的处理不恰当

会馆建筑的色彩修复应该体现历史真实性，不应过于追求华丽而改变原貌。在笔者的走访中，发现一部分会馆有"焕然一新"的感觉，彩绘华丽而不具古朴之感，有失历史建筑的原有风貌。

如宜宾李庄天上宫的山门，笔者去调研的时候正逢天上宫培修。其山门过于新，仿佛刚修建的一样，而且工艺不太考究，绘画处理不细腻，整体的色彩风格与其他天上宫相比差异较大，历史建筑的古韵无存，显得过于浮夸（图7.1、图7.2）。

7.2.1.2　结构的把握不考究

由于许多会馆建筑年久失修，建筑的结构遭到一定的破坏，有的甚至是整体性的损毁。此时更多考虑的是对原状尽量少的干预，若存在安全隐患则需考虑建筑结构的整体修复，并保持"材料与实体"的真实性。但在巴蜀现存的某些会馆中，则采用混凝土柱代替木结构的现象。如龙兴古镇的禹王宫的后殿，承重结构采用的混凝土方柱（图7.3）。

图7.1　修复前的李庄天上宫山门

图7.2　修复后的李庄天上宫山门

筑专家或者专业研究机构的论证，修复方案也要经过反复修改，甚至要广泛征求各方的意见。

7.2.2　部分建筑肌体遭受严重破坏残缺不全

尽管有一部分会馆建筑得到了修复和保护，但如今有一部分会馆仍处于自生自灭的状态中，经历衰败，濒临消失。这些会馆经历战火、动乱而幸存，却在今天的无视中面临凋敝。

自贡市贡井区贵州会馆，现为居民用房，没有进行修复和保护，建筑主体和格局都受到很大的破坏，院内杂草丛生，且无人管理（图7.4）。自贡炎帝庙建筑格局破坏严重，仅存戏楼和部分厢房，且残破不堪，屋顶杂草丛生。主体结构仍在，但围护结构破坏严重，且经过人为的改动较大。周围环境也不容乐观（图7.5）。

图7.3　龙兴古镇禹王宫牌楼的现代结构

7.2.1.3　装饰的还原不真实

会馆建筑修复原则，进行与原建筑风貌相吻合的整葺。会馆建筑的修复，不能盲目追求"焕然一新"的效果，这种不正确的审美习惯，不但不能从真正意义上保护会馆建筑，反而会让其失去历史价值，并使之丧失独特的传统风貌，中断其久远的地域文化脉络。所以，应该在坚持不破坏原有建筑风貌的大前提下进行合理的修缮，这个工作应该经过古建

图7.4　自贡贡井贵州会馆现状

图7.5　自贡炎帝庙戏楼

巴蜀地区还有诸多在地震中损坏的或濒临倒塌的会馆建筑，也急需资金修复和妥善管理。

7.2.3 不合理的使用使原有建筑空间遭到破坏

20世纪50年代，由于会馆建筑被收为公共财产，成为学校、粮仓和居民住宅用房。而在许多场镇中，会馆被作为宗教建筑用房被保留下来。这种违背建筑本身功能空间的人为改造在一定程度上破坏了建筑的原有空间形态。

有一部分会馆为居民用房。如宜宾李庄的南华宫，在抗战时期曾是西南联大同济学院的理学院，现为居民住宅。南华宫山门已毁，戏楼仅存主体结构，正殿

和大殿维护结构已为砖墙，屋顶形制已变。前一个院落基本格局还在，但是正殿以后的格局则遭到了较大程度的破坏，已经看不出原始的格局。且由于正殿现为居民住宅，使得原有的轴线式流线不得不发生改变。后一个院落中的围合感很弱。这部分会馆中的居民大多为低收入群体，首先，他们没有保护意识，他们对会馆进行搭建改造纯粹出于生活的方便之需。其次，他们不愿意离开这些地方，因为他们的经济能力不允许他们另觅住所（图7.6、图7.7）。

还有一部分会馆现为公共用房。如犍为罗城古镇的禹王宫被分割和改造成罗城粮站职工宿舍，万寿宫现为派出所用地。除此之外，石阡的万寿宫建筑群在上世纪50年代受损严重，除万

图7.6　李庄南华宫现状1

图7.7　李庄南华宫现状2

寿宫内粮食局全部搬迁外，禹王宫、观音阁、龙王庙仍作粮仓，玉皇阁闲置，忠烈宫被粮食部门作职工宿舍，黑神庙被粮食部门改作食品加工厂。2001年成为国保单位后得到修复。

7.2.4 建筑欠缺日常维护，存在着严重的安全隐患

7.2.4.1 消防安全隐患

会馆建筑多用土木或砖木结构，单位面积火灾负荷大，建筑的屋顶、梁柱、楼板、隔断等建筑构件均为木质可燃物，木材经过一百多年或者几百年的干燥，含水量极低，再加之相当一些木材已经枯朽，质地疏松，成了极易燃烧品，导致建筑物火灾荷载远远高于现行的国家标准所规定的火灾负荷量，火灾危险性极大。再加之古建筑内部的木质家具、油漆彩绘以及屏风、挂画垂帘等大量可燃装饰，一旦失火，屋内的烟与热不易散发，温度快速升高，很容易引起轰燃，木结构构件很快失去支撑能力，导致建筑物垮塌、烧毁。除此之外，会馆建筑的主体建筑多以厢房、耳房连接，一旦一处失火，很容易殃及整个建筑群。会馆建筑由于自身的强度和构造也

不适于消防设施，这就造成古建筑火灾自防自救能力差的问题。如很多古建筑有一些常用的灭火器和室外消火栓，大多古建筑和古建筑群都没有安装自动报警和自动喷淋系统，再加之古建筑周围的道路大多狭窄，有的还设有门槛、台阶，消防疏散通道狭窄或不畅，消防车根本无法通行，这些都给火灾扑救工作带来很大的困难。现有的会馆如今很多都为佛教或道教建筑用房，烧香拜佛、祈福等宗教活动存在很大的火灾隐患。另外，建筑周围的民居通常与其毗邻，通常造成防火间距不够，尽管许多会馆有封火山墙加以保护，但是这不能完全杜绝火灾的隐患，由于木材的干燥，燃点较低，即使是飞溅的火星也有可能是火灾的源头（图7.8）。

古建筑火灾安全不是以扑灭火灾为唯一目标，而是以最大限度保护古建筑、减少文物损失为首要目的。因此必须坚持"消防结合，预防为主"的原则，有针对性地做好文化古建筑的防火安全工作。

7.2.4.2 结构安全隐患

会馆建筑大多历时百年，一部分建筑虽得到修复和结构的加固等处理。但是由于木构建筑

图7.8　蜀河黄州会馆修建时
遭遇火灾

本身材料的特性，含水量大大降低，加之病虫害的破坏等影响，导致柱子出现歪闪、倾斜，梁架断裂、腐朽等现象，使材料的结构特性大大减弱，支撑能力减退。加之缺乏日常的维护，使得建筑的结构体系存在很大的安全隐患。加之外界环境的影响，如遇暴雨、地震等自然灾害，其结构性能必然面临严峻的考验。

7.2.5　建筑周围环境不利因素对建筑物产生影响和破坏

7.2.5.1　当地居民生活对建筑的影响

由于许多会馆位于场镇等经济条件相对落后的地区，民居建筑通常与其毗邻，民居日常生活燃料大部分是煤球、煤块等，这些燃料燃烧过释放的二氧化硫对各种单体建筑的腐蚀性极强，形成严重的如石阡万寿宫东侧山墙墙砖酥碱，风化严重等，再如各建筑体的铁质构件大部分被锈蚀脱落等。后人在修建城市道路和民居时回填覆没了原青石板地面，墙外排水系统被生活垃圾、乱石杂草填实，已高出室内地坪达900毫米，致使雨水、生活用水倒灌，造成古建筑木柱皆有不同程度的腐朽，甚至垮塌。另外，长期的雨水倒灌使围墙基础发生下沉，进而导致墙体倾斜、台明歪闪，如万寿宫西侧山墙向西倾斜达20毫米，禹王宫东侧山墙向西侧倾斜达210毫米，柱子亦有不同程度的倾斜歪闪，最大达320毫米。

7.2.5.2　当地现代建筑对古建筑的影响

由于会馆建筑年代久远，而周围环境中的建筑在修建的过程中并没有考虑其对古建筑的视线

图7.9 顾县川主庙周围的现代建筑

破坏。在对许多场镇的调研中，经常可以发现会馆建筑周围现代建筑林立，会馆建筑被围在一群现代建筑之中，甚煞风景，这些现代建筑的出现无疑割断了历史的脉络（图7.9）。

古代建筑的保护大致可以分

7.3 对巴蜀会馆的保护建议

为建筑单体的保护与整体环境保护两个方面。对于古建筑自身的保护，《文物保护法》中明确为"不改变文物原状的原则"。[1]针对具体的维修保护措施也有"四保存"(即保存原形制、原结构、原材料、原工艺)原则，从而解决了"不改变文物原状的原则"的具体化问题。古建筑修缮不同于建设工程，它是对古建筑实施保护的实践活动，是自然科学研究成果的体现。古建筑保护措施的合理与否，对古建筑的安全与价值至关重要。文物不能再生，在保护措施上的任何一点疏忽，其造成的后果往往是不可挽回的。因此，单体保护采用的方法必须适宜，适当的时候不排除用现代的手法和技术进行保护。

单体的保护除了建筑的"躯壳"的保护之外，其文化内涵也是值得保存的。会馆的功能由于

---

[1] 赵明.晋商会馆建筑文化探析:以中原地区晋商会馆为例[D].太原:太原理工大学,2007

历史的进程和种种原因现今已不存在，会馆建筑已经失去其原先的功能。如何让会馆的文化内涵能够得到延续也是保护工作中值得深思的问题。现存的一些会馆有还保留节假日的习俗，仍然为市民文化娱乐的场所，保留了戏楼的功能。笔者在调研的过程中，发现如今许多现存的会馆建筑现作为宗教建筑，且香火甚旺。虽然在一定程度上保护了会馆建筑，但是建筑文化却发生大大的改变。也有的会馆建筑经过修复现为博物馆，市民的参与性变弱。会馆应该用何种姿态再次呈现在市民面前，是供民众参观的博物馆，是为香客服务的宗教建筑，还是市民娱乐休闲的茶馆，笔者觉得这是个值得深入思考的问题。

会馆周边环境的整体保护也是会馆中重要的环节。会馆通常位于城镇、场镇中心。在一定程度上说，会馆的分布对城镇、场镇的格局有很大的作用。若仅仅只对会馆进行修复和保护，而无视周围的环境，无疑会割断会馆与整体环境的历史脉络。这些会馆建筑多构成的城镇中心正是最能体现这一区域历史文化概貌的重要地段。笔者在走访的过程中，发现有些场镇的会馆已经得到了修复和保护，而会馆的周边环境却充斥着许多现代建筑，许多旧的街巷格局面貌也消失殆尽，取而代之的是许多新建筑，会馆坐落在这样的环境中，无疑显得突兀而孤立。会馆的保护应该同城镇、场镇的保护同步。会馆是城镇、场镇繁荣的见证者也是参与者，若场镇已经无存，会馆也会变得毫无意义。

附表五：

图 号	图 名	来 源
7.1	修复前的李庄天上宫山门	蓝勇《"湖广填四川"与清代四川社会》
7.2	修复后的李庄天上宫山门	自摄
7.3	龙兴古镇禹王宫牌楼的现代结构	自摄
7.4	自贡贡井贵州会馆现状	自摄
7.5	自贡炎帝庙戏楼	自摄
7.6	李庄南华宫现状1	自摄
7.7	李庄南华宫现状2	自摄
7.8	蜀河黄州会馆修建时遭遇火灾	自摄
7.9	顾县川主庙周围的现代建筑	自摄

[1]《金堂县乡土志》（清末抄本）卷2《耆旧录》

[2]《南华宫碑记》

[3]《世祖章皇帝实录》卷109

[4]《万寿宫重建捐资石碑》

[5]《温江县乡土志》卷4《耆旧录》

[6]《重建桓侯宫碑序》

[7] 曹永沛. 徽州古建筑"马头墙"的种类构造与做法[J]. 古建园林技术，1990(4)

[8] 车文明. 中华中国现存会馆剧场调查[J]. 中华戏曲，2008（01）：27-52

[9] 陈锋. 明清以来长江流域社会发展史论[M]. 武汉：武汉大学出版社，2006

[10] 谌永万，邹挺，贺柏栋，等. 龙兴古镇[M]. 重庆：重庆出版社，2009

[11] 成都市建筑志编纂委员会. 成都市建筑志.建筑工程[M]. 北京：中国轻工业出版社，1994

[12] 道光《南川县志》卷11《文选》第78页

[13] 道光《重庆府志》《舆地志》卷1《氏族》

[14] 傅红，罗谦. 剖析会馆文化透视移民社会：从成都洛带镇会馆建筑谈起[J].西南民族大学学报（人文社科版），2004（04）

[15] 郭广岚，宋良曦. 西秦会馆[M]. 重庆：重庆出版社，2006

[16] 何智亚. 重庆湖广会馆历史与修复研究[M]. 重庆：重庆出版社，2006

[17] 黄健. 自流井王爷庙的建筑年代及其建筑风格刍议[J]. 盐业史研究，1989（01）

[18] 嘉庆《江津县志》卷21《艺文志》第18页

[19] 嘉庆《江津县志》卷22《艺文志》第146页

[20] 嘉庆《金堂县志》卷5《选举》第47页

[21] 李虎. 蜀道与人口迁移[J]. 文博，1995，（02）

[22] 李允鉌. 华夏意匠——中国古典建筑原理分析[M]. 天津：天津大学出版社，2005

[23] 林成西. 移民与清代四川民族区域经济[J]. 西南民族大学学报（人文社科版），2006（11）

[24] 民国《犍为县志》《人物》下，第38页

[25] 民国《松潘县志》卷6

《行谊》

[26] 民国二年《胡氏族谱》卷1·总叙

[27] 乾隆《大邑县志》卷3《善行》第30页

[28] 清·吴好文《成都竹枝词》

[29] 孙晓芬. 明清的江西湖广人与四川[M]. 成都：四川大学出版社，2005

[30] 孙音. 会馆建筑[J]. 四川建筑，2003(02): 27-28

[31] 谭红. 巴蜀移民史[M]. 成都：四川出版集团 & 巴蜀书社，2006

[32] 王笛. 跨出封闭的世界：长江上游区域社会研究1644—1911[M]. 北京：中华书局，2001

[33] 王日根. 明清会馆与社会整合[J]. 社会学研究，1994(4)

[34] 王雪梅，彭若木. 四川会馆[M]. 成都：四川出版集团，2009

[35] 咸丰《阆中县志》卷《流寓》第49页

[36] 肖晓丽. 巴蜀传统观演建筑[D]. 重庆：重庆大学，2002

[37] 谢岚. 自贡会馆建筑文化研究[D]. 重庆: 重庆大学，2004

[38] 谢岚. 自贡会馆建筑中的风水环境观[J]. 山西建筑，2009(12)

[39] 张新明. 巴蜀建筑史：元明清时期[D]. 重庆：重庆大学，2010

[40] 赵逵. 川盐古道——文化线路视野中的聚落与建筑[M]. 南京：东南大学出版社，2008

[41] 赵明. 晋商会馆建筑文化探析：以中原地区晋商会馆为例[D]. 太原：太原理工大学，2007

[42] 郑青. 繁华过后：河南淅川荆紫关镇古街[J]. 室内设计与装修，2008(11)